親子で学べる

いちばんやさしい
プログラミング

おうちでスタートBOOK

熊谷基継
Mototsugu Kumagai

すばる舎

はじめに

「**プログラミング教育**って流行ってるけど、よくわからない」

「うちの子も**プログラミング教室**に通わせたほうがいいかな?」

「自分で教えようにも**プログラム**まったくわからないし、どうしたらいいんだろう?」

そんな声を最近よく耳にするようになりました。

アメリカではバラク・オバマ、ビル・ゲイツ、マーク・ザッカーバーグなど各界の著名人たちが**プログラミング教育の必要性**を語り、日本でも 2020 年度に小学校におけるプログラミングの授業の必修化が決まりました。大学入学共通テストにまで試験科目として採用されるかもしれないという話まで出てきています。

そのため、プログラム関係の書籍や体験教室、オンライン・サービスなどが数多く登場し、プログラミング教育への注目が高まっています。

そういったなか、ほとんどの方が「プログラミング教育って、英語で書いた、あのプログラムが書けるようになることでしょ?」といった勘違いをされています。

しかし、じつはそうではないんです!

プログラミング教育は、ひとことでいえば、**プログラミングという遊び**を通じて**論理的思考力**や**問題解決力**、**創造力**を培うことです。そして、その目指すゴールを簡単にいえば、早いうちに「**ものごとをどういう順番ですすめるかを理解・構築する力**をつけさせる」ということなんですね。

はじめに

　のちほど本文でも述べますが、じつはプログラミング、おでんのレシピといっしょ、料理と同じなんです。

　おでんといっしょなら、自分でもできそう、お子さんにも教えられそう、そんな気がしませんか？

　いまは**ビジュアル・プログラミング**といって、パズルのようにブロックを組み合わせるだけでプログラムが体験できるツールがあります。本書はそのビジュアル・プログラミング・ツールを使って、お子さんはもちろん、親であるあなた自身にもプログラミングに興味をもっていただき、親子いっしょに**作品**を作っていただ

代表的なビジュアル・プログラミング・ツール「Scratch」の画面

ビジュアル・プログラミング・ツールのメリット
- ☑ パズルのようなブロックを組み合わせるだけでプログラミングができる
- ☑ ゲーム感覚で学べる
- ☑ ネットがつながれば、いますぐできる

003

きます。その作業を通じて、あなたにもお子さんにも**自信**をもっていただこう、ということを目的にして本書は書かれています。

今後もし、あなたがプログラミング・スクールや関連教材を選ぶときも、プログラミングが何たるかを知っているかどうかで判断基準が大きく変わってくるでしょう。

「どうしたら期待どおりの結果（アウトプット）が得られるか」

「こうしたいというイメージをふくらませながら、そのために必要な機能をいかに効率的に組み立てるか」

こういった知識や発想を、いち早くリアルな経験と感動を通じてお父さん・お母さんに得ていただく。それができればこの本は目的を果たしたといえるでしょう。

すべての子どもは可能性のカタマリです。「こんなのを作りたい！」という夢をもった子どもたちが楽しみながら継続的に自ら学び始めることが、いわゆるプログラミング教育のゴールであるといっても過言ではないでしょう。本書ではその思いをサポートする**各種シート**や**プログラミング・ドリル**がダウンロードできるURLなども紹介しました。

専門学校で教えていたときにも痛感しましたが、プログラミングを教えるのは、早ければ早いほどよいです。

知識ゼロでも大丈夫。慣れることが学びの始まりです。ぜひ今日からお子さんに教えてあげてください。それでは始めましょう！

Let's start programing!

熊谷 基継

はじめに

イミわかりません…

これならいける！

005

子どもたちがプログラミングを

START
不安

英語とか数字とか苦手だわ
プログラムなんてやったことないし

STEP.1
プログラムが「料理」と同じだったことに衝撃を受ける！

なんと！
P.003

STEP.5 体験
あらかじめゲームを体験したあとで子どもといっしょに作り子どもに「できる！」と自信をつけさせる

できた！楽しい！
P.073

STEP.6 創作
子どもが作ったプログラムを本人に変えさせたりほかの人の作品を真似てアレンジやオリジナルを作らせたりしてみる

P.104

STEP.7 創作
子どもが作った作品を本人にプレゼン（発表・紹介・説明）してもらう

うれしい！
P.118
スゴーい！

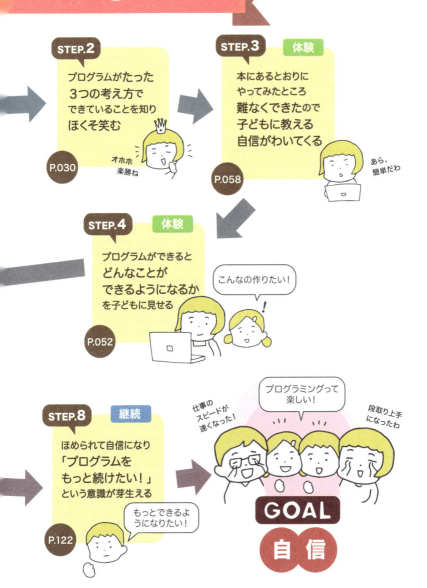

もくじ

はじめに　002

子どもたちがプログラミングを学びたくなる8つのステップ　006

第1章
いま最も必要とされているプログラミング教育
～親が知っておくべき7つのポイント～

<Point.1> **ゲーム感覚で、だれでもすぐできる** 014
　　　　　　ビジュアル・プログラミング・ツールって何？
　　　　　　はじめに「体験」ありき

<Point.2> **自分で考える力をつける** 016
　　　　　　何のための必修化かを理解する
　　　　　　これから必要不可欠になるスキル

<Point.3> **小さな「できた！」の積み重ね** 018
　　　　　　「一喜一憂」から「一喜一勇」へ
　　　　　　トラブルを歓迎する気持ちで

<Point.4> **たった3つの考え方の組み合わせ** 020
　　　　　　「じゅん・くり・じょう」と覚えよう
　　　　　　ムズくなんかないさ

<Point.5> **書く前に考える癖をつける** 022
　　　　　　欲張ると工程は複雑化する
　　　　　　アルゴリズム思考で脳をととのえる

<Point.6> **創造し、自己表現するための道具** 024
　　　　　　つねに「その先の先」を考える
　　　　　　ツールとゴールは違う

<Point.7> **体験し、作ってみて、継続すること** 026
　　　　　　自信の雪だるま効果

●Column1　文字が読めなくてもできる
　　　　　　ビジュアル・プログラミング・ツール　028

第2章 これだけ知っていれば大丈夫！ プログラミングの基本ルール

基本ルールは たったの3つ 030
　　　　プログラムは「おでん」のレシピ

　思考法 その① **順次実行** 032
　　　　順々に、次々と
　　　　段取り＝流れを考える

　思考法 その② **繰り返し** 034
　　　　共通部分をくくってラクしたい
　　　　「まとめ習慣」を親子で身につける

　思考法 その③ **条件わけ** 036
　　　　たとえば京都旅行で
　　　　条件わけは分岐点

便利な記憶のハコ「変数」 038
　　　　ヘンな数ではありません

複雑なものを作るときに必要なこと ～アルゴリズムの考え方～ ... 040
　　　　ゴールを決めて道順を考えよう
　　　　仕事も料理も段取りが命！

カレーライスのアルゴリズム ～作業を細かく分解する～ 042
　　　　バラバラにして順番を決めるだけ
　　　　大分類から小分類へ
　　　　レシピ不要のプロフェッショナル

仕事のアルゴリズム ～作業単位に分解して整理する～ 046
　　　　仕事もバラバラにしてスピードアップ
　　　　効率化とともに「ヌケ・モレ」をさがす

この章のまとめ 049
●Column2　仕事でも使えるプログラミング思考　050

第3章
いますぐ始めるプログラミング【体験編】

<体験編・STEP1> **ゴールを見せて目標をもたせる** 052
　　　「何の意味があるの？」といわれたら
　　　社会でうまくいくための、いろんな力を身につける

<体験編・STEP2> **プログラムを実際に体験する** 058
　　　一歩一歩の積み重ね
　　　Scratchを使う前に
　　　アカウントの作成
　　　サインインのしかた

体験プログラム① Scratchで最初の作品を作る 063
　　　ちゃんとできたかにゃ？
　　　教えるときのポイント①

<体験編・STEP3> **プログラムができることを知る** 073
　　　自信を確信へ

体験プログラム②「ネコをつかまえる」ゲームを作る 074
　　　基本は「最小単位に分解する」ところから
　　　失敗を恐れない
　　　タスクその①「ネコを作る（9匹増やす）」
　　　タスクその②「ランダムなところにネコを表示」
　　　ランダム配置にチャレンジ
　　　タスクその③「クリック（タップ）したら消えるようにする」
　　　ネコを消せ！
　　　トライしてエラーが出たら冷静に手直し
　　　すべては試行錯誤から生まれる
　　　少し自信がついたタイミングでさらにスキルアップ
　　　教えるときのポイント②

Scratch ブロック一覧 096

この章のまとめ 101

●Column3　プログラム言語をたくさん知っていれば
　　　　　できるプログラマーというわけではない　102

010

もくじ

第4章
いますぐ始めるプログラミング【クリエイティブ編】

まずは「真似る」ことから 104
真似ることで多くをより早く学べる
パターンA「アレンジ作品」を作る
パターンB「リミックス作品」を作る
真似る勇気をもとう！

閲覧機能を使いこなす 108
リミックスのしかた
手順その① サインインする
手順その② 作品を検索する
手順その③ 複製してリミックスをする

小さなことから、こつこつと 112
パターンC「まったく新しい作品」を作る
まず小さなパーツを書き出す
ブロックのかたまりをだんだん大きく
無理をせず、いまできる範囲で

みんなに見てもらおう 118
プレゼンしてシェアする

この章のまとめ 119
●Column4 世界を変えたプログラマー出身の経営者たち　120

011

第5章
いますぐ始めるプログラミング 【継続編】

継続は力になる 122
 はじめの不安の2つの要素
 子どもの好奇心は絶大
 せっかく入ったスイッチをオフにしないために

継続的に学習する方法 124
 独学できる反復ドリルが一番

継続的に学習する方法① **プログラミング・スクールに通う** 126
 リアル・スクールのよさ
 月謝(授業料)や教え方をチェック

継続的に学習する方法② **オンラインで学ぶ** 127
 オンライン・スクールのメリット
 ビジュアル・プログラミング・ツールで、
  ゲームをクリアしながら学ぶ
 プログラミング・コードを書いて、
  ゲームをクリアしながら学ぶ

継続的に学習する方法③ **モノ(ハードウェア)と合わせて学ぶ** 130
 日進月歩のIoTの世界
 さらに上級者向け
  回路設計も学べる、大人もハマるハードウェア

この章のまとめ 137
●Column5　世界のエリートが重視する「STREAM教育」　138

おわりに　140

おすすめ書籍およびWEBサイト　142

第**1**章

いま最も必要とされている
プログラミング教育

〜親が知っておくべき7つのポイント〜

<Point.1> ゲーム感覚で、だれでもすぐできる
<Point.2> 自分で考える力をつける
<Point.3> 小さな「できた！」の積み重ね
<Point.4> たった3つの考え方の組み合わせ
<Point.5> 書く前に考える癖をつける
<Point.6> 創造し、自己表現するための道具
<Point.7> 体験し、作ってみて、継続すること

＜Point.1＞
ゲーム感覚で、だれでもすぐできる

ビジュアル・プログラミング・ツールって何？

　「プログラミング」という言葉を聞いて、もちろん知ってるけどちょっと抵抗感があるという人が多いのではないでしょうか？

　「はじめに」でもふれたように、英数字がずらずらと並んだものを書かなくても、いまはパズルを組み合わせるようにしてゲーム感覚でプログラムを作ることができます。

　それが「**ビジュアル・プログラミング・ツール**」と呼ばれるもので、その代表的なものが本書で扱う Scratch になります。

　Scratch は MIT（マサチューセッツ工科大学）メディアラボで開発されたプログラム開発環境で、だれもが無料で使うことができ、パソコンやタブレットで簡単に利用することができます。

　使い勝手のよさもあり、いまでは多くの学校やプログラミング・スクールで使われています。

はじめに「体験」ありき

　一般に「プログラマー」と呼ばれている人たちは、最終的には英数字が並んだプログラミング言語と呼ばれるものを使って開発をしています。

　それをもろに真似て、いきなりプログラム言語の書き方から始めてしまうと、わかりづらく難しそうな見た目もあって、面白さをまったく感じることができず、遊ぶことが大好きな子どもたちはすぐやめてしまうでしょう。

　私も幼いころ「ファミリーベーシック」というファミリーコン

第1章　いま最も必要とされているプログラミング教育

ピュータ（いわゆるファミコン）でプログラミングができるソフトとキーボードを父にプレゼントしてもらいましたが、当時の私には文字や記号をただ打っているだけで面白くも何ともなく、全部できたと思ったら（いちおうやったわけです）英語でエラー・メッセージが出てきて、「こんなに苦労したのに、もぉ〜！」とあえなく挫折してしまいました。

　一方、ビジュアル・プログラミング・ツールは、ブロックの組み合わせでプログラムを組むので、ほとんどキーボード入力がなく、いきなりゲームが作れてしまいます。
　子どもたちが楽しみながら、ゲーム感覚で直感的にプログラミング思考を身につけるのに最適なツールといえます。
　また Scratch では、ゲーム以外にもアニメーション、音楽などさまざまな作品を作ることができます。

　この本を読み終わるころには、あなたもお子さんも、立派なプログラマーになっているはず。
　むずかしく考えず、かる〜い気持ちで始めてみてください！

<Point.2>
自分で考える力をつける

何のための必修化かを理解する

プログラムを学ぶということは、「プログラマーになる」ということが必ずしもゴールではありません。

2020年度から始まる小学校でのプログラミング教育必修化が意図するところは、けっして「プログラマーになりなさい」ということではありません。そうではなく、大事なのは「プログラミング思考を身につけて、自分で考えて問題解決する力をつけましょう」ということ。そういう教育指針であることを理解しましょう。

これから必要不可欠になるスキル

これから本書を通じてプログラミング体験をすることで、何度も実感すると思いますが、プログラミングの作業をしていると、

「何を、どういう順番で組み立てればいいか?」

「その組み立てを、どうやれば無駄なくできるか?」

ということをいつも考えるようになります。脳にそういった思考の癖や回路ができてくるのです。これは将来社会に出てからも非常に役立つ考え方・スキルです。すなわち、プログラミング教育自体が1つの手段であるということです。

これからお子さんに教えるときには、将来プログラマーになることを前提にするのではなく、プログラミング思考を身につけるということをひとまずのゴールとしてイメージしてください。

極言すれば「自ら考える力＝プログラミング思考」です。それを身につけることは、これからやってくる「AI（人工知能）・ロボット時代」を生きぬいていくためにも必要になるのです。

第1章　いま最も必要とされているプログラミング教育

プログラミングを学ぶことで得られる、将来にわたって
役立つスキル・思考力には以下のようなものがあります。

自分で考えられる力・問題解決力

論理的思考力

プログラムは論理的に考えて作っていくので、その訓練を積むことで、ものごとを論理的に考えて進める能力が期待できます。また、論理的な説明をしようという意識づけから、ロジカルで説得力のあるプレゼンテーション能力も期待できます。

段取り力

プログラムを書くときには、1つ1つの機能をどういう順番で並べるかということをつねに考えて作ります。また、どういう順番でものごとをすすめるのがベストかということを考える力、つまり段取り力が身につきます。

分解&構築力

プログラムは1つ1つの分解した機能の組み合わせです。プログラミングをすることで、目標となるものを分解し、パターン化して組み立てる力がつきます。レゴ®のようなブロック遊びが子どもの脳の発達によいのといっしょです。

分析力

作ったプログラムがうまく動かないと、「なぜ動かないのか?」という自問を繰り返すことになります。エラーはどうやったらなくなるのか、1つ1つの流れを検証・観察し、その解決法を考えることになるため、問題発見力と分析力がつきます。

創造力

プログラミングは連続的な創造の作業です。何をどうやって作ればいいのかを考え、アイデアを出すことに頭がフル回転します。Scratchを使えば、ゲームやロボット、アニメや音楽など、さらに創造の場が広がります。

<Point.3>
小さな「できた！」の積み重ね

「一喜一憂」から「一喜一勇」へ

プログラミングを学ぶことで小さな成功体験をいくつもすることができます。小さな「できた！」体験によって、自信がつくのです。「できた！」がうれしいので、さらにゴールに向かって、エラーが出てもトライ&エラーを繰り返していくようになります。

たとえばビジュアル・プログラミングの場合、1つブロックをおいてみて、それでプログラムが動いただけで子どもたちは「やった！」となります。このとき小さな成功体験をすることができます。

次にもう1つブロックを組み合わせて動かす、さらにブロックを増やしてみる……というふうに次々と自分がやりたいことをふくらませながら「やった！」の体験を繰り返していきます。

トラブルを歓迎する気持ちで

逆に、自分が意図して作ったものが動かなかったときは、「何がいけなかったんだろう？」「こうやってみたらどうだ？」などと原因の分析をして、さらにトライ&エラーを繰り返します。

分析をして何度でも**できるまで挑戦する力**が育つのも、プログラミングのすばらしいところです。しかも楽しみながらです。

大事なのは、子どもたちに教えるときにエラーが出たからといって困ったり悩んだりしないこと。エラーが出たらむしろ喜んで子どもたちがそれをどう乗り越え解決するかを見守り、サポートしてあげてください。それは将来、子どもたちが何か問題や課題に直面したときに、**自分で考えて問題解決する力**になるのです。

018

第1章　いま最も必要とされているプログラミング教育

小さな「できた！」の積み重ねが自信につながる！

1つやって、できて喜び、
1つやって、できなくて
ガッカリする「一喜一憂」が、
やがて、
1つやって、できて喜び、
1つやって、たとえできなくても
ナニクソとなる「一喜一勇」になります。

\<Point.4\>
たった3つの考え方の組み合わせ

「じゅん・くり・じょう」と覚えよう

それでも「やっぱりプログラムってむずかしそう」と多くの方がおっしゃいます。はたして本当にむずかしいのでしょうか？

じつは、難解そうに見えて、すべてのプログラムはたった3つの考え方でできています。携帯電話やスマホもしかり、銀行のATM（現金自動預け払い機）もしかりで、それらを動かしているシステムはすべて3つの考え方の組み合わせでできているんです。

その3つの考え方とは、次の3つ。

① 順次実行　　② 繰り返し　　③ 条件わけ

それぞれについてはのちほどくわしく述べますが、イメージをまとめて図解したのが右図です。

赤い文字で示したとおり「**順々に次々と**」「**もどる**」「**わかれみち**」この3種類のどれかで、すべてのプログラムは成り立っています。そして、驚くなかれ。それらはみな日常生活でごく当たり前に私たちが行なっている作業です。

このことをまず「教える人」であるあなたが理解しましょう。

ムズくなんかないさ

ここまでで何だか少し「できそう」な気がしてきましたか？

もしお子さんが「なんかムズい」とつぶやいたら、すかさず、「むずかしくなんかないよ。だって、たった3つの考え方の組み合わせなんだから」と伝えてあげてください。

プログラムはむずかしいという思いこみは今日から、きれいサッ

パリ捨てましょう。

　本書を読みすすめていただければ必ず「なんだ、意外と簡単じゃないか！」という考えに変わっていくはずです。

\<Point.5\>
書く前に考える癖をつける

欲張ると工程は複雑化する

　簡単なものなら、プログラムはいきなり書き始めて完成させることもできるでしょう。しかし、複雑なものを作るときは、どういうふうに作るか（ある程度）考えてから取りかかる必要があります。

　最初はゲーム感覚で楽しみながらやってみるのが大事なので、思うままにどんどんやってみることが大事です。

　しかし、少し自信がついてきて「あんなことやりたい！」「もっとこうしたい！」といった欲が出てくると、それにつれて求められるプログラムの工程がどんどん複雑になってきます。

　そんなとき、「どうやってやったらいいんだろう？」と壁にぶつかることがあります。思いつくままにプログラミングをしていたら、

「いま何をやっているのかがわからなくなってしまった」とか、

「本当はもっとシンプルに作れたはずなのに、やたら複雑なものになってしまった」とか……こういうことが多々あるのです。

アルゴリズム思考で脳をととのえる

　こうした残念な事態を避けるために、簡単なプログラムが自力で作れるようになって慣れてきたなと思ったら、ぜひプログラムを書く前に考える癖をつけるように意識してください。

　「こんなのを作りたい！」というゴールを、それに必要な機能やルールに分解して、どういう順番でやるかを考えるプロセスのことを**アルゴリズム**といいます。

　このアルゴリズムを考えてから実行する癖をつけることが、さらなるステップアップにおいてはとても重要になります。

第1章　いま最も必要とされているプログラミング教育

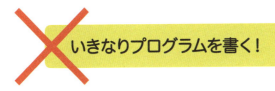

複雑なものを
作ろうとすると…

あれ？
いま何を
作ってるんだっけ？

考える癖を
つける！

準　備
アルゴリズムを考える

満を持してプログラムを書く！

考えた順番どおりに
やればいいから
スッキリやりやすい！

023

＜Point.6＞
創造し、自己表現するための道具

つねに「その先の先」を考える

　繰り返しになりますが、この本は、お父さん・お母さんに（またプログラミングを教える方たちに）プログラミング思考というものを実感として体験的に知ってもらい、子どもたちに教えていただく際の自信をつけてもらうための本です。

　しかし、それはあくまで入口です。ゴールではありません。

　最終的には、お子さんたちが自分のやりたいことを考えて、アイデアを出して作品を創造し、表現する楽しさを知ってもらう、それら一連の流れを手助けするための本でもあります。

　ものすごく複雑なプログラミングができるようになることも大事かもしれませんが、プログラミングはあくまでも手段であって、それを使うことで自分のアイデアを実現できるようになることのほうがはるかに大事だということを忘れないでください。

ツールとゴールは違う

　本書でくわしくとりあげるビジュアル・プログラミング・ツールの Scratch は、絵を書いたり、録音した音や曲を流したりすることで、子どもたちの創造力を刺激するツールです。

　この「ツール」という言葉どおり、それはある目的のための道具です。

　すなわち、ツールは手段であってゴールではないのです。

　まずプログラミングというものを理解することが第一歩ですが、それと同時に、またそれ以上に、自分で何かを創造する楽しさを味わいながら「自分でも思い描いたとおりのことができるんだ」

第1章　いま最も必要とされているプログラミング教育

という実感と自信をつけさせることが優先目標であると念頭においてください。

025

\<Point.7\>
体験し、作ってみて、継続すること

自信の雪だるま効果

　これはプログラミングに限らない話ですが、何か新しいことを始めて、それを突き詰めるために必要となるステップがあります。それは次の3つに集約できるでしょう。

STEP. 1 「体験」する

　何ごとも、まずはちょっと触ってみること。簡単なことから始めます。前にも書いたとおり、いろいろな「できた!」体験をして、「楽しい! これなら自分でもできる!」という自信をつけます。むずかしいと思っていたことも、やってみると意外に簡単だったりします。ゲーム感覚であれば、子どもたちもすすんでやり始めます。

STEP. 2 「創作」する

　自信がついてきていろいろとやっているうちに、「こんなのが作りたい!」という気持ちが芽生えてきます。新しいものを作るのもいいですし、自分なりに手をいれてアレンジするのもいいでしょう。Scratchではそれが簡単にできます。自分のオリジナル作品を作ることで、さらに自信がつきます。

STEP. 3 「継続」する

　自信がついてくると、もっとできるようになりたい! と自分でいろいろと調べて目標をもって学び始めます。
　ここまできたら、お父さん、お母さんの役目は終わりといってもいいでしょう。

第1章　いま最も必要とされているプログラミング教育

　次章からは、この3つのステップでプログラミングを学ぶ方法を具体的にご紹介していきます。ぜひ、この大きな3つの成長ステップを意識しながら、子どもたちといっしょにプログラミングの楽しさを体感してみてください。

自信は雪だるま式に大きくなる

Column 1

文字が読めなくてもできる
ビジュアル・プログラミング・ツール

　Scratchのようなプログラミング教材ツールは海外に先行されていますが、ここで紹介するViscuitは合同会社デジタルポケットさんが開発した日本発のビジュアル・プログラミング・ツールです。

　Viscuit（ビスケット） https://www.viscuit.com/

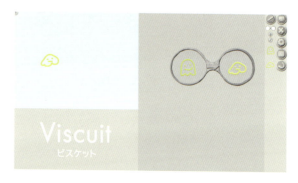

　Scratchとは違った考え方で作られたものですが、プログラミングとはどういうものなのか、その概念を直感的に理解できるツールになっています。ビジュアル・プログラミング・ツールとして有名なツールの1つで、多くのプログラミング教室でも教材として使われています。

　扱うツールにほとんど文字がないので、文字の理解ができていない子どもであっても使うことができます。まだ文字が読めなかったり、Scratchがまだちょっとむずかしいというお子さんにもオススメのツールです。

第2章

これだけ知っていれば大丈夫！
プログラミングの基本ルール

- ●基本ルールは たったの3つ
  思考法その① 順次実行
  思考法その② 繰り返し
  思考法その③ 条件わけ
- ●便利な記憶のハコ「変数」
- ●複雑なものを作るときに必要なこと
  〜アルゴリズムの考え方〜
- ●カレーライスのアルゴリズム
  〜作業を細かく分解する〜
- ●仕事のアルゴリズム
  〜作業単位に分解して整理する〜

基本ルールは たったの3つ

プログラムは「おでん」のレシピ

　むずかしそうに見えるプログラムですが、じつはたった3つの思考法から組み立てられているという話を前章でしました。**「順次実行」「繰り返し」「条件わけ」**この3つです。

　簡単な例として、おでんを作るときの手順を「順次実行」「繰り返し」「条件わけ」で構成すると、右図のようになります。
　日常生活でもやっていることをプログラムというもので置き換えるだけなので、けっしてむずかしくありませんよね。
　プログラムでゲームを作るのであれば、必要な機能や効果をパーツに分解し、その手順を3つのどれかにあてはめながらパズルのように組み合わせるだけです。
　まずはこの3つのパターンの組み合わせでできていることを覚えておいてください。本章ではそれぞれの考え方について掘り下げてお話ししていきます。

第2章　プログラミングの基本ルール

プログラムは「順・繰・条」の組み合わせ

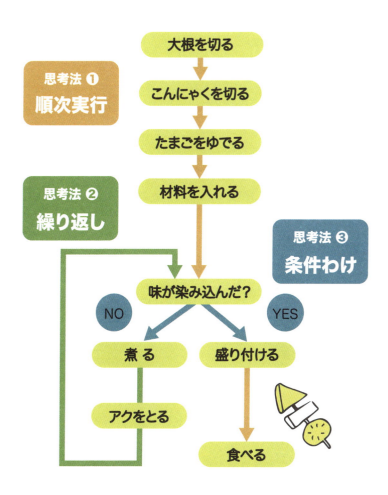

思考法 その① 順次実行

順々に、次々と

　プログラムは、基本的には上から下に書いた順番に、1ステップ（1行）ずつ実行されていきます。この順番に実行していくという考え方が「順次実行」です。当たり前といえば当たり前ですが、実行する順番を間違えるとうまく動かないため、何を先にやるべきか優先順位をつけることが必要になります。

　たとえば絵画、とくに水彩画でいえば、はじめは「うすい色」で大きいところからぬって、だんだんと「濃い色」にして細かいところをぬっていく、というのが大原則です。もちろん例外もあって、いきなり濃い色からぬりだすこともありますが、原則そうしないのは、とりかえしがつかなくなるのを避けるためです。

段取り＝流れを考える

　また料理でいえば、煮物を煮るときの「さ・し・す・せ・そ」という言葉があります。

　これは美味しく煮物を味付けするための手順をいったもので、「さ」は砂糖、「し」は塩、「す」は酢、「せ」は醤油（旧仮名遣いで「せうゆ」と書くのです）で、「そ」は味噌のことです。

　ここでも淡く下味をつけるうすい調味料から濃い調味料へという流れです。これもまた、あくまで原則であって例外もあるのでしょうが、基本はこの順番で味付けをすると、うまく味が重なるように染みこむのでベストだということをいったものなんですね。

　目標に向かって何をやるべきか、まずはパーツや要素、手順などをリストアップして（ここで抜け漏れがあっては NG です）優先順位

032

第2章 プログラミングの基本ルール

を決め、それにしたがって順次こなしていく……。これは、ふだんの家事や仕事でもやっている考え方です。

　機械やコンピュータにどの順番で実行させるかを考えるのがこの「順次実行」思考で、まさに段取り力の部分になります。

「そ」を「ソース」とする説もあります。

思考法 その② 繰り返し

共通部分をくくってラクしたい

　次は「**繰り返し**」です。おでんや煮物でいえば、だし汁やスープが濁って見た目が悪くなるのを避けたり、雑味が出ないようにせっせと繰り返しアク（灰汁）をとる作業がそれにあたります。

　プログラムでは何回も同じことをやる場合、同じような記述を何回も書くのではなく、「○○**回繰り返して**」とか、「××**になるまで繰り返して**」といった繰り返しの記述を用います。

　長いことプログラムの作業をしていると、「あれ、同じようなことを書いているなあ……」と気づくことがあります。

　いわゆる脳の「パターン認識」というやつです。

　慣れてくると、このような場合に「少しでもラクをしたい」という、たいていの人間がもっている傾向から「同じ部分を繰り返しで1つにまとめられないかな？」と効率化を考えるようになります（とりわけ、プログラマーと呼ばれる人たちはこういった思考の癖がしみついています）。子どもたちも例外なく、ほうっておいても効率化を求めるようになります。

「まとめ習慣」を親子で身につける

　仕事も家事も、こうした要領によるところが大いにかかわっています。子どものうちからプログラムをやっておくことで、同じことをまとめるという合理的な思考法や、効率化を求める癖が自然と身についていきます。

　「習い、性となる」（ナライショウというのは本来の読みではないようです）という言葉があります。習慣はその人間の性（特徴や性格）に

第2章 プログラミングの基本ルール

なるということですので、これを機に効率化を考えることを、癖や習慣にまで強化されてみてはいかがでしょうか？

　仕事でも家事でもこの「まとめ癖」「まとめ習慣」が大いに役立つので、子どもたちだけでなく、親（大人）もいっしょに学ぶことで、いろんなムダがはぶけるかもしれません。

アクは「うまみ」をふくむから、とりすぎてはいけないという説もありますが、スープを濁らせたくないとか、見た目すっきり仕上げたいなどの場合はしっかりアクをとりましょう。

思考法 その③　条件わけ

たとえば京都旅行で

　最後は「**条件わけ**」です。簡単にいうと、「**もし〜なら……する**」というが考え方が「条件わけ」です。たとえば朝、その日の天気予報が「（まとまった）雨」とか「降水確率が50%」とかであれば傘をもって出かけますし、「晴れ」であればもっていきませんよね。プログラムも日常の行動と同じように条件によって実行することをいくつか用意して書いていきます。

　たとえば京都のような、観光スポットとともに美味しいお店がたくさんある観光地へ旅行にいくとき、事前に絶対はずせない観光スポットや第一候補のお店はどこか、その周辺に別の観光スポットはないかなどを考え、それをもとにルートを計画します。

　また、紅葉シーズンならば嵐山、夜ならば先斗町などと、季節や時間帯、その日の天候などでも「条件わけ」してスケジュールや行程を決めるはずです。

条件わけは分岐点

　あるいは、営業の人が商談するときもそうです。できる営業パーソンは、相手の興味や会話の内容によって、次に話す内容を変えているといいます。こうした臨機応変のシナリオ選択も、事前の「条件わけ」をもとに頭のなかで行なわれているわけです。

　これがゲームのプログラムであれば、ゲーム展開を左右する分岐点になり、またゲームの細かいルールにも直結するものになります。もしここで、展開を左右する条件が「白か黒か」だけでなく「グレーもある」ときは、その場合の条件設定も必要になりま

第2章　プログラミングの基本ルール

す。さもないと、そこでトラブってゲームが立ち行かなくなるからです。すなわち、プログラムを学ぶことで、事前に予想されるトラブルを解決するパターンを考えることになります。

あらかじめパターンが予測できれば、こういうときはこうすればいいという対応法を考えることによって、リスク・マネジメントができるようにもなります。

プログラムもこれと同じで、起こりうる条件を予測しながら「条件わけ」の選択肢を書いていきます。

思考法 ③
条件わけ

条件：天気予報が「雨」である
あるいは「降水確率が 50％以上」

YES　　　　　　　　　NO

わかれみち

傘をもって
出かける

傘をもたずに
出かける

実際は YES と NO のあいだに別の選択肢や可能性があったり、条件がもっと細かくなければいけなかったりするでしょう。たとえば、人によっては「降水確率0％」でもカバンに折り畳み傘をしのばせている人もいます。また、朝のうち小降りで午後から晴れるなら降水確率 50％でも「濡れてもいいや」という人もいるかもしれません。なかには、そもそも「雨なら出かけない」という選択をする人もいるかもしれません。

037

便利な記憶のハコ「変数」

ヘンな数ではありません

　プログラミングをしていくうえで欠かすことのできないものとして、もう1つ、**変数**というものがあります。数字や文字を入れておくことができるハコのことだと思ってください。

　プログラムでは数字や文字などの情報を覚えておいてもらったり、計算するときや、条件によって変化させるときに変数を使います。変化する数値なので、文字どおり変数なんですね。

　たとえば何か物を買うときに、ネットで検索したり、お店をまわったりして、どこのお店が一番お買い得か比較して買うかどうかを決めます。ショップAでは3500円だったのに、ショップBでは4000円だったという情報は、人間の場合は脳内の**ワーキング・メモリー**と呼ばれる部分に一時保管されます。プログラムの場合は、変数というハコのなかにこれを記憶させます。

　ゲームでいえばハイスコアや戦闘力の情報もそうですし、音楽を聞くスマホ・アプリでいえば曲名や曲順など、あらゆるところで数字や文字を扱います。

　プログラムを実行するなかで、ゲームのスコアを更新したり、音量を増減させたり、曲順をシャッフルさせたりする必要がありますが、そういったときに変数というハコに、現在のスコアや音量、曲名などの値を入れて（記憶しておいて）操作します。

　じつは変数以外にも情報を記憶するものはあるのですが、最低限この変数という言葉と考え方、そして前述の3つの思考法の意味さえ理解していればひとまず大丈夫、準備完了です！

　次はいよいよプログラミング思考の実践に入ります。

第2章　プログラミングの基本ルール

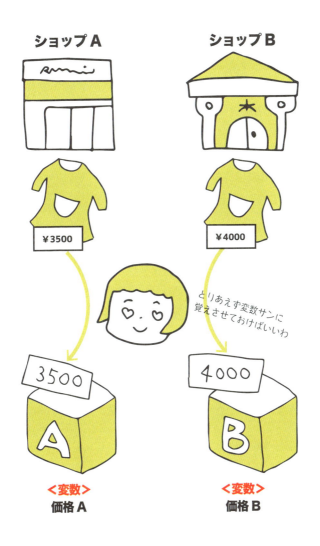

複雑なものを作るときに必要なこと
〜アルゴリズムの考え方〜

ゴールを決めて道順を考えよう

　前章でお話ししましたが、プログラムは通常、ある目的（ゴール）のために何をどの順番で組み立てればいいかを考えてから書いていきます。この目的を実現させるための手順・解き方が**アルゴリズム**でした。

　たとえば「今夜は美味しいおでんを作ろう！」と思ったときは、もちろん「美味しいおでん」がゴールです。そして、それに必要な手順、すなわち「美味しいおでんの作り方（＝レシピ）」がアルゴリズムです。

　アルゴリズムについて考えるのが、あとあと大事になってくることも前述のとおりです。何も考えずにプログラムの組み立てを開始すると、多くの場合、途中でプログラムがぐちゃぐちゃになってしまって、わけがわからなくなってしまいます。

仕事も料理も段取りが命！

　これから本書を読みすすめていただくにあたっては、まず、

① **「こうすればいいかも！」と考える作業**

これをしっかりしたあとで、

② **実際に手を動かしてプログラミング**

この2段階の流れを意識して、取り組んでみてください。
　つねにアルゴリズムを考えるプログラミング学習をすることで

040

第2章 プログラミングの基本ルール

段取り力がつくというのはこのためです。
　家事もビジネスも同じ。できる主婦もビジネスマンも段取り力が違います！

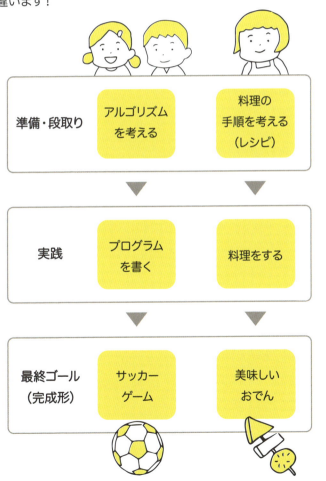

041

カレーライスのアルゴリズム
〜作業を細かく分解する〜

バラバラにして順番を決めるだけ

では実際にアルゴリズム、つまり段取りを考えるコツをここで1つご紹介します。

そのコツとは、すでに少しふれましたが、作業をできるだけ細かく分解することです。

なーんだと思われたかもしれませんね。でも、これ、すごくシンプルに見えて、けっこうむずかしいことなんです。

実際にカレーライスを例にとって、料理のアルゴリズムを作ってみましょう。

まずはカレーライスの完成形をイメージしてください。そして、カレーライス完成までの道のりを、1つ1つの細かい**作業単位**にわけながら完成（最終ゴール）までたどっていきます。

もし、いきなり作業単位にわけるのがむずかしそうな場合は、最終的に作りたいものを構成する**パーツ・素材**から考えていくとわかりやすかもしれません。

大分類から小分類へ

ということで、まずはカレーライスを細かいパーツにわけていきましょう。カレーライスの場合は「カレーの具」と「カレーのルー」、そして「ライス（ごはん）」が構成するパーツになりますね。これらが大きな分類になります。

それらをさらに最小単位になるまでわけていきます（ステップ1・ステップ2）。その過程を図示したのが右図です。

次に、それぞれの具やルーを作るために必要な作業をリスト

第2章 プログラミングの基本ルール

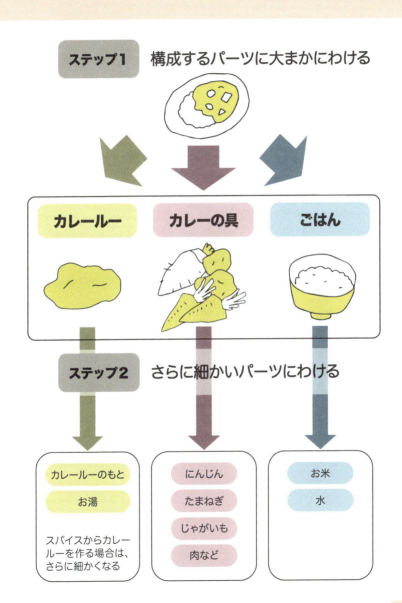

アップしていきます。順番はいまの段階では考えず、思いつくままにリストアップしてください（ステップ3）。

　そして最後に、リストアップした作業リストを優先順位を考えて、いちばん効率のよい順番に置き換えてください（ステップ4）。

　これでカレーライスのレシピの完成です。

レシピ不要のプロフェッショナル

　今回はカレーライスを例にしましたが、きっとほとんどの方はカレーライスを作るのに、わざわざこういった細かい手順をリスト化したうえで作ってなんかいませんよね。

　なぜなら、みなさんは「カレーライス作りのプロ」だからです。慣れてくればレシピがなくても作れますし、いちばん効率のよい作り方、オリジナルのカレーライスの作り方を編み出していることと思います。

　これとまったく同じことが、プログラムにもいえます。

　最初は慣れないかもしれませんが、慣れてくれば何も見なくても書けますし、レシピなしでゲームを作ることもできます。

　プロのプログラマーも腕ききの料理人と同じ。

　いちばん効率のよいプログラムやオリジナルのプログラムを書いている人たちがプロのプログラマーなのです。

第2章 プログラミングの基本ルール

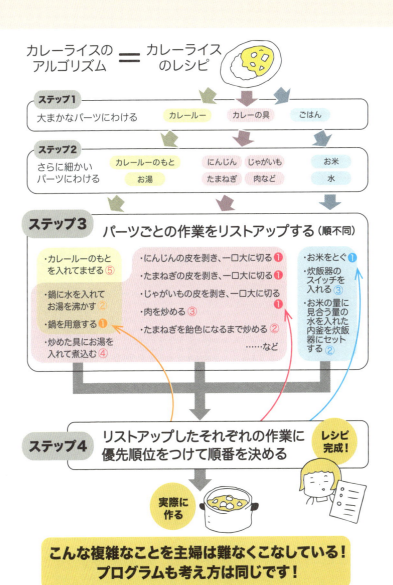

仕事のアルゴリズム
～作業単位に分解して整理する～

仕事もバラバラにしてスピードアップ

　カレーライスのアルゴリズムを見てきましたが、ビジネスでも同じです。いくつかの仕事をかかえているなら、それらを細かい作業単位に分解し、優先順位をつけてやっていくことで仕事がスピードアップし、効率化も図れます。

仕事 A	仕事 B	仕事 C
A1 上司とスケジュール調整をする	B1 アイデアを考える	C1 請求書を書く
A2 クライアントのアポをとる	B2 企画書を書く	C2 上司に承認を得る
A3 見積書を書く		
A4 上司に承認を得る		

　たとえば仕事を分解して、上図のようなタスクがあった場合、「A1」「A4」「C2」はすべて上司がからんでくるタスクだということがわかります。

　何かと忙しい上司は席にいたりいなかったりで、また何度もいくとけむたがられたりします。あなただって忙しいのですから双方にとって時間がとられるだけで、まったくメリットがありません。

　そう考えると、「A1」「A4」「C2」はあらかじめ上司にアポをとって一度にまとめてやったほうが効率的ということがわかります。こんな感じで細かく分解すると、どこか必ず効率化できるところが見つかります。

　さらに、そのタスクは急ぐかどうか、他人がかかわるかどうかなどで、優先順位＝重みづけをします（右ページ上の図参照）。

第2章　プログラミングの基本ルール

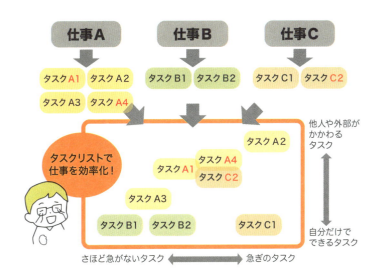

効率化とともに「ヌケ・モレ」をさがす

　何ごともケース・バイ・ケースですが、企画書のアイデアを考えるときも、たとえば上司に「A1」のスケジュール調整のタスクをお願いする前に、たとえ少しであっても下案を考えておけば、ついでに現状あたためているアイデアについて事前相談をもちかけることができます。そこで企画のアドバイスやNGをもらうことで、無駄な労力も費やさずにすみます。

　ふだんあまり意識されていないかもしれませんが、みなさんも自然と仕事のアルゴリズムを脳内で作られているのではないでしょうか？　ただし、それを定期的に見直すことも大事です。

　もし、仕事がたまりすぎてわけがわからなくなってしまったときは、いったん細かい作業単位で分解して、それらを全部リストアッ

047

プしてみてください。そのリストに優先順位をつけて、整理した
うえでそれぞれのタスクをこなせば、仕事のスピードは間違いな
くあがります。

　①**分解**・②**リストアップ**・③**整理**することは、効率をよくする
と同時に、見逃していた「抜け・漏れ」もなくなりますので、ぜ
ひ一度ためしてみてください。

　料理にも、仕事にも、すべてアルゴリズムがあるということ、
わかっていただけましたでしょうか？　じつは日々みなさんがやっ
ていることがアルゴリズムなんですね。アルゴリズムは、すごく簡
単にいってしまうと、「分解」と「整理」なのです。

アルゴリズム　＝　分解　＋　整理

　次の第3章からは、実際のプログラムの考え方について説明し
ていきます。

048

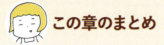 **この章のまとめ**

・プログラムは「**順次実行**」「**繰り返し**」「**条件わけ**」の３つの考え方の組み合わせでできている。

・この３つの考え方以外に「**変数**」という情報を保存しておく箱（場所）がプログラムには必要。

・この３つの考え方を組み合わせてプログラミング学習を続けることで、段取り力やものごとの予測力・対応力などが身につく。

・つねに**効率化**を考える思考の癖をつけよう。

・「**アルゴリズム ＝ 分解 ＋ 整理**」である。

Column 2

仕事でも使えるプログラミング思考

　本文でも述べましたが、プログラミングの基礎がわかり、プログラミング思考が身につくだけで、ふだんの仕事にも役立ちます。

　たとえば、エクセルを使うときに、エクセル関数という非常に便利なものが用意されています。これもプラグラミングの応用と延長で、重複したデータだけを抽出するとか、複雑な計算式を入れて条件によって表示を変えるなどすれば、いままで手作業で繰り返しやっていたことがあっという間に終わってしまいます。

　プログラミングすることで鍛えられる分解力も、仕事を細かいタスクに分解して効率よくこなしたり、プロジェクトに必要な業務を漏れなく洗い出し、タスクリストを作ったりするのにも応用できるスキルです。

　さらに、ロジカル・シンキングの能力が身につくので、たとえばロジックツリーや MECE など、いわゆる思考のフレームワークを使った企画書や提案書が自信をもって書けるようになります。

　また、企画や提案をプレゼンテーションする際にもロジカル・シンキングは有効です。どうすれば説得力のある内容になるか、どういった順番で話すとより効果的か、こういった事前の戦略やシナリオ作りにも大いに役に立つでしょう。

　まだまだ先の話だと思うかもしれませんが、子どもの成長が想像以上に速いということに、あなたはもう気づいているはず。

　ですので、ぜひお子さんといっしょにご自身もプログラミング思考を身につけていただき、そのついでに会社での残業を減らして、お子さんと遊ぶ時間を作っちゃいましょう！

第 3 章

いますぐ始める
プログラミング【体験編】

体験編・STEP1

ゴールを見せて目標をもたせる

「何の意味があるの?」といわれたら

　はじめてプログラムに触れる前にまず、プログラムで何ができるのかを知ることで動機づけをすることができます。そもそもプログラムに興味がある子どもならば何の問題ないのですが、そうでない子の場合はいきなり「プログラムをやってみよう!」だと、

「なんで? やらなくちゃいけないの?」

「(ゲームで遊びたいのであって)ゲームなんて作りたくない!」

「何の意味があるの?」

などと反発してしまうかもしれません。

　でも、3つめの「何の意味があるの?」という疑問に対しては、以下のような<mark>多分野でのプログラミングが活用されているという現実</mark>を説明してあげることで興味をもってくれるかもしれません。

　プログラミングを使ったものは、ゲームやロボット以外の世界でも多岐にわたり、以下のようなものがあります。

・【**アート**の世界】teamLabo をはじめ、多くの企業が創造している参加型のアートミュージアムや水族館でのプログラミング

・【**ライブ**や**演劇**の世界】音楽や動きに合わせて舞台演出が目まぐるしく変わるステージでのプログラミング(Perfume のライブ演出を担当している Rhizomatiks などが有名)

・【**映画**の世界】爆発シーンや葉っぱの落ちるようすなど、現実世界で起こりうる現象を創造・再現する際のプログラミング

・【**ファッション**の世界】3D プリンタを使って服ができたり、自

第3章　いますぐ始めるプログラミング【体験編】

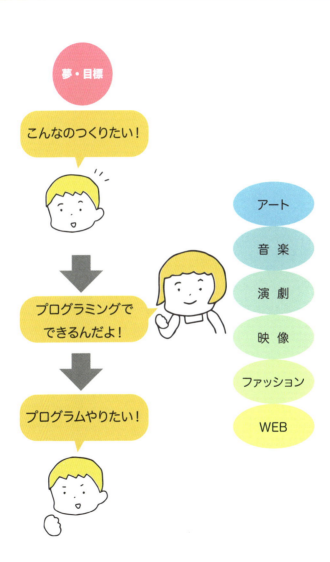

053

分の体にフィットする採寸型ボディースーツのようにスマホで体型計測をしたりする際のプログラミング

・【WEB サイトの世界】Amazon など、いろんな場面でレコメンド商品が表示される際のプログラミング

　以上のようにゲームやロボット以外でも IT の活用で広がる世界がたくさんあり、そこではプログラミングが技術の下支えをする、いわば縁の下の力持ちになっています。

　いまの子どもたちは IT 時代の申し子、いわゆる IT ネイティブ世代です。自分の好きな世界で、IT 技術を駆使した表現がごく自然にできるようにどんどんなっていくでしょう。

　人はゴールが見えることでモチベーションが上がり、行動に出ることができます。専門学校の学生たちも、「こういうゲーム作りたい」「こういう CG 作りたい」という夢をもって、基礎から1つ1つスキルアップに取り組んでいました。

　ゴールを先に見せて「こういうのができるんだよ」と伝えて、そこで子どもが目を輝かせたら、あとはちょっとしたプログラム体験をするだけです。そこから子どもがやりたいと思う方向へ、夢の翼を広げさせてあげてください。

　なお、プログラミングを使った事例リスト「プログラミングの世界」や右ページの「KIDS FUTURE SHEET」もダウンロードできますので、ぜひご活用ください。

第3章　いますぐ始めるプログラミング【体験編】

☺ KIDS FUTURE SHEET

1 今までみたなかで面白そうだと思ったもの・やってみたいものは？

絵やことばで自由に描いてみよう

2 今、好きなものはなに？（好きなものすべてに丸つけてね）

ゲーム　絵・アニメ　ファッション　音楽　ダンス　ロボット　その他

3 好きなもので、こういうことができたらいいな、と思うものはある？

絵やことばで自由に描いてみよう

このシートと「プログラムの世界（プログラミングを使った事例リスト）」は
こちらからダウンロードできます。　https://kidz.eny.fun/download

055

社会でうまくいくための、いろんな力を身につける

　前述のとおり、プログラムを学ぶことでプログラミング的思考が身につきます。プログラミング的思考を具体的に分解したのが右図です。これまで話してきた**論理的思考力**、**段取り力**、**問題発見＆解決力**、**プレゼン能力**など、社会で生きていくうえで使えるスキルばかりです。

　どんな仕事や家事にも段取り力が必要なのは先述のとおりで、タスクを分解・整理して効率のよいアルゴリズムを考えるときに論理的思考力とともにベースになるスキルです。

　たとえば Youtuber や小説家であれば、人がのめりこむためのストーリー作りのために、面白くするためのシナリオ、すなわち変化をつけた展開や流れが必要です。同時にまた、自分の作品や企画を多くの人に納得させるためのプレゼン能力も必要です。

　そこでもロジカルに考えて、どういう順番で話すと効果的かといった論理的思考が必要になってきます。

　子どもたちが将来なりたいどんな職業にも、プログラミングを通じて得られる思考力が役立つことも、繰り返し述べたとおりです。プログラミングは、デザイナーやアニメーター、Youtuber、小説家、こうしたクリエイティビティを発揮する人になりたいと思うなら、絶対に身につけておくべき汎用性の高いスキルなのです。

第3章 いますぐ始めるプログラミング【体験編】

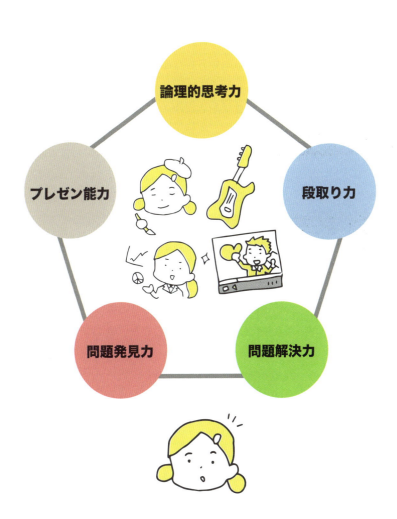

体験編・STEP2
プログラムを実際に体験する

一歩一歩の積み重ね

　それでは実際にプログラムを体験していきましょう。「はじめに」でもふれたように、今回、本書では小むずかしい英語でプログラムを書くようなことはいっさいせずに、パズルを組み合わせるだけでプログラミングできるビジュアル・プログラミング・ツールを使います。

　大事なことなので繰り返しますが、プログラミングを教えるコツは「ちょっとした成功」の積み重ねから、結果として「大きな成功」を作っていくことです。実際の仕事も同様ですが、1つの大きなシステムを作る場合も、すごく細かい機能を1つずつ作って、それを積み重ねていきます。

　まずは簡単なプログラムで、この「ちょっとした成功」を子どもに体験させ、「ちょっとした自信」をつけさせてあげてください。

　ここが教育という意味ですごく大事なことになります。くれぐれも一度にやろうとしたり、むずかしいことから始めないでくださ

058

い。「あっ！できた」のちょっとした成功が簡単に体験できるのも、はじめてのプログラミングの楽しいところです。

　では、さっそく始めていきましょう！　ここではゴールは、==ネコをクリックしたら「できたにゃー！」と吹き出しが表示される==というプログラムを作ってみたいと思います。すごく簡単ですので、お子さんに教える前に、ぜひ一度ご自身でやってみてください。

　なお、本書は Scratch3.0 で解説しています。

Scratch を使う前に

　Scratch はプログラミング思考を遊びながら身につけることができるビジュアル・プログラミング・ツールの代表的なものです。

　無料で使えます。ご自身のアカウント（これももちろん無料です）を作らなくても利用できますが、アカウントを作ることで以下のような便利な機能を使うことができます。

・自分が作った作品を**保存**できる
・作品を**公開**できる（学校で友達に見せたり、作品を見られる URL を　メールなどで送ることもできます）
・**リミックス機能**（ほかの人の作品をアレンジする＝後述）が使える

　「とりあえず、すぐに動かしてみたい」、あるいは「アカウント登録はしたくない」という方は、次ページの「アカウント作成」と「サインイン」の手順はスキップしても大丈夫です。063 ページの「体験プログラム①　Scratch で最初の作品を作る」へすすんでください。

059

アカウントの作成

　まず https://scratch.mit.edu/ にアクセスし、画面右上の**「Scratch に参加しよう」**という文字をクリックしてください。

　すると右ページのような**アカウント作成画面**が表示されるので、指示にしたがってすすめていけばアカウント作成完了です（メールアドレスの入力が必要になります）。

　無料ですので、この機会にお子さん用のアカウントも別に作成しておいてもいいでしょう。

　なお、個人情報の流出を気づかうご時世ですので、右ページ上の画面のように「本名は使わないでね」という表示がなされます。あだ名やニックネームを入れてもいいですし、お子さんと新たなペンネームを考えるのもいいですね（ちなみに、私の知り合いの編集者は俳句をひねる人なのですが、俳句の会に初参加するとき、まず自分に俳号をつけるようにいわれ、お互い自分や先生につけてもらった俳号で呼び合うのがとても新鮮だったといっていました）。

第3章 いますぐ始めるプログラミング【体験編】

サインインのしかた

　次に、Scratch にサインインします。画面右上の「**サインイン**」をクリックしてください。

061

すでに画面右上の文字がご自身のアカウント名になっていればサインインされていますので、この「サインイン」ステップはスキップしてください（新しくアカウント登録された方はすでにサインインしている状態になっているかもしれません）。

　登録したユーザー名とパスワードを入力して、サインインのボタンをクリックすればサインイン完了です。
　これで作品を保存したり、公開することができます。

第3章 いますぐ始めるプログラミング【体験編】

体験プログラム①
Scratchで最初の作品を作る

あらためて下記の URL にアクセスして Scratch のサイトを表示してください。

https://scratch.mit.edu/

ページ左上の「**作る**」をクリックしてください。下は画面上部のメニューバーを拡大表示したものです。

すると、次のような画面が表示されます。

063

これが Scratch の操作画面です。

　起動とともに、上図の黄色い囲みような「**チュートリアル**」というウインドウが表示されます。

　基本的な操作はこちらの動画で確認することができます。

　このチュートリアルはメニューからいつでも見ることができるので、今回はいったん「**閉じる ✕**」をクリックします。

第3章　いますぐ始めるプログラミング【体験編】

　チュートリアルのウインドウを閉じた状態が上です。

　左の①が<mark>プログラムのいろいろな命令のパーツ</mark>が入っている場所です。料理や仕事でいえば1つ1つの作業がそれぞれのブロックになっていると思ってください。

　中央の②は<mark>プログラムを作る</mark>部分です。右上の③は中央で作ったプログラムの<mark>実行結果が表示</mark>されるスペースです。

　なお、上方にある 🏁（上の画面表示、赤枠の部分を参照）は<mark>プログラムを実行するボタン</mark>（ゲームでいえばスタートボタン）の役割としてよく使われますので覚えておきましょう。

　また、そのとなりの 🔴 は<mark>ストップボタン</mark>です。ずっと動きを続けるプログラムを止めるときなどに使います。

065

プログラムを実行してすぐに確認できるのが Scratch のいいところだといいました。いろんなブロックを組み合わせたり、数字や文字などの値を変えたりしても、その都度すぐ結果を確認できます。このような何度も小刻みにトライ＆エラーできる環境は、プログラミング学習には最適で、学習効果も高くなります。

　では、実際にプログラムをくんで、トライ＆エラーを体験していきましょう。

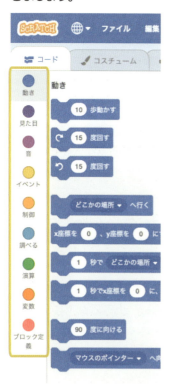

　左は、前ページの画面表示のいちばん左の部分です。色とりどりの ●●●●●●●● は、ブロックの**カテゴリー**を意味します。

　いろんなブロックがあるので、それぞれキーワードごとにまとめたものです。

　このなかから1つのカテゴリーをクリックすると、それに関するブロックが対応した色で表示されます（いま左では「●動き」に分類されるブロックが表示されています）。

　では、試しにカテゴリーのなかから「●**イベント**」というボタンを押してみましょう。

第3章　いますぐ始めるプログラミング【体験編】

すると左図のように、山吹色の「(〜した)**とき**」というブロックが出てきます。そこに「🚩 **が押されたとき**」というブロックがありますね。それを右側のうすい灰色のスペースにドラッグ（押しながら移動）します。

たったこれだけで、なんと<mark>プログラムを1つ書いた</mark>ことになります。

下は、ここまでの操作をまとめたものです。

067

次は「●見た目」をクリックして、「(こんにちは!) と (2) 秒言う」を「🏁 が押されたとき」の下にドラッグします。

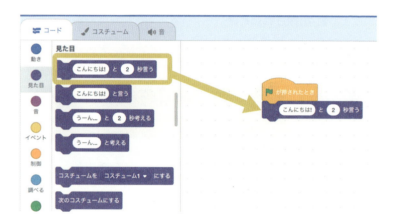

ブロックは、ほかのブロックの近くへもっていって離すと、吸いつくようにくっついてくれます（くっついてくれない場合は、まだ離れている状態なので、もう少し動かして上のブロックに近づけてみましょう）。

では、実行ボタンの旗 🏁 をクリックして、実際にプログラムを実行してみましょう。

「こんにちは！」と表示されたら成功です。

次は、「こんにちは！」と表示されている、横長の白窓のなかの文字をダブルクリックして消します。そして、「こんにちは！」のかわりに、たとえば下のように「できたにゃー」という文字に変えてみてください（もちろん別の言葉でも構いません）。

ここで再度、🚩 をクリックしてみてください。下の画面が表示されれば完成です。

うまくできましたか？　うまくできたなら、この操作を実行した人をほめてください（あなたが行なったのなら自分で自分を、お子さんが行なったのならお子さんを「すごい！」とほめましょう）。

プログラムのブロックをたった2つ組み合わせるだけなので簡単ですね。たった2つですが、これも立派なプログラムです。

ちゃんとできたかにゃ？

　ここまでのおさらいです。復習になりますが、最初の「 🚩 が押されたとき」というのは、前章で説明した条件わけになります。

　そして、順番にブロックをつなげることで、上から下にプログラムが順次実行されています。たった２つでしたが、これもいままでお話ししてきた分解と整理の小さいバージョンです。

　すなわち、

「 🚩 をクリックしたらネコが『できたにゃー』という」

　この完成品（最終ゴール）を、

「 🚩 をクリック」と「ネコが『できたにゃー』という」

　２つのパーツ（機能）に分解し、順番に組み合わせた、ということになります。

　以上のようにビジュアル・プログラミングのいいところは、わかりやすくて、すぐに始められるところです。小学生に教えているといつも驚くのですが、いまの小学生はこれらの手順をちょっと説明しただけで面白がって、言葉や数字を変えたり、ほかのブロックをくっつけたりと、どんどん自分で工夫し始めます。

　ここでの「できたにゃー」のセリフ部分や「２」秒の数値を変えたり、さらには同じブロックを続けてならべたり、子どもがやりたいようにどんどん自由にやらせてみてください。

　これが次章の「クリエイティブ編」でもお話しする、自ら面白くてやり始める「創造段階」になります。

070

第3章　いますぐ始めるプログラミング【体験編】

教えるときのポイント①

　なお、ここまでの教えるときのポイントとして、以下の5つを念頭に入れておくとよいでしょう。

① ブロックの1つ1つがプログラムだということを理解させる

② ▐▶ が「スタートボタン」だと理解させる

③ 教える人はいっさい手伝わない（子どもたちに自力で完成させる）

④ プログラムどおりに動いたら即座に「すごい！」とほめる

⑤ ブロックや数値、文言などを変えて再トライさせる

　このなかで、口も手も出さず我慢して見守る「③」が案外とむずかしいかもしれませんね。また、たった2つのブロックの組み合わせですが、プログラムが動いたら「すごい！」としっかりほめてあげることが大事です。

071

体験プログラム①の手順をまとめます。

GOAL

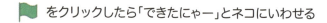 をクリックしたら「できたにゃー」とネコにいわせる

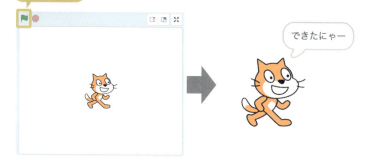

手順

① 「 が押されたとき」のブロックを探して右側にドラッグする
② 「こんにちは！と2秒言う」のブロックをさがし、「 が押されたとき」のブロックの下にくっつける
③ 「こんにちは！」ではなく、「できたにゃー」に変えてみる

第3章 いますぐ始めるプログラミング【体験編】

体験編・STEP3
プログラムができることを知る

自信を確信へ

　覚えていますか？　補助輪なしで自転車に乗れるようになったときのこと。あるいは数メートル泳げるようになったときのこと。二重跳びが何回か続けてできたときのこと。

　最初は自信がなかったり怖かったりするのですが、練習していくうちに「少し乗れた！」「少し泳げた！」といった瞬間が出てきます。それが「**できた！**」という自信になり、さらに続けることで「**できる！**」という確信に変わり、いつの間にか難なく「**できている**」。こういった経験をみなさんもおもちのはずです。

　同じことをプログラミングで経験しようというのがここからの段階です。左ページは前回の体験ステップをまとめたものですが、すでに体験されたことで「**これはできる！**」という小さな自信が芽生えているはず。これを少しずつ大きくして「**思ったとおりに、たいがいのことは何でもできる！**」という確信に変えるのが、ここからの＜STEP 3＞です。＜STEP 2＞のプログラムは2つのブロックの組み合わせだったので単純でしたが、そこにもう少しブロックをつけ足していきます。

073

体験プログラム②
「ネコをつかまえる」ゲームを作る

基本は「最小単位に分解する」ところから

　ここでは、<u>ランダムにいろんなところに表示された10匹のネコをクリックして消す</u>という、さきほどより少しむずかしいけれどまだ簡単なゲームを作っていきたいと思います。

　このゲームを作ることで「順次実行」「繰り返し」「条件わけ」の3つの組み合わせを、体験を通じて理解できます。

　また、Scratchで作品を作るにあたって必要な知識として、新たに**座標**についても理解することができます。

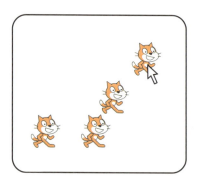

　……と、その前にアルゴリズムを少し考えてみましょう。

　アルゴリズムは分解と整理でした。さきほどのゴール（やりたいこと）の命題（文章）は、右ページ上のように分解できるでしょう。

　いまはまだ、この分解の作業が上手にできなくても、まったく問題ありません。なぜなら、はじめはみんなどこまで、<u>どう分解すればいいのかわからない</u>のですから。

　仕事や料理でいえば、慣れてくるとみんな意識的に、また無意

第3章　いますぐ始めるプログラミング【体験編】

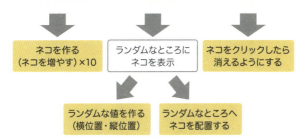

識的にも、自分ができるタスクの最小単位のところまで分解します。これといっしょです。同じように、Scratchができる最小単位がわかってくれば、そこまですぐに分解できるようになります。

　すると当然のことながら、ここで「じゃあScratchができる最小単位って何なの？」と思われるのでしょう。

　じつは、さきほどScratchでドラッグした<mark>ブロックが最小単位</mark>になります。上図の場合、黄色いパーツがScratchの１つ１つのブロックになります。

失敗を恐れない

　要するに、Scratchのブロックには何があるか、慣れながら、だいたいわかるようになると、頭のなかで自然と<mark>大きなゴールから小さなタスクへの分解</mark>ができるようになり、それにしたがって

プログラムを組むのもだんだん早くなっていきます。

　ただし、すべてブロックを覚えようとがんばる必要はありません。Scratch 画面左側のカラフルなカテゴリーのボタンをクリックして、「使えそうなのあるかな〜」という感じで探しながらプログラムを組んでいけば大丈夫です！

　プログラミングはいっぱい失敗したもん勝ち。トライ＆エラー、たくさん間違えながら試行錯誤して作っていくものです。

　前にいったこととちょっと矛盾しますが、必ずしもアルゴリズムを 100％ちゃんと考えてからプログラムしなくてはダメなのかというと、そうではないのです（とくに「この段階では」です）。

　ただし、やはり基本の考え方としては、

「アルゴリズム」（＝分解＋整理）　⇒　**プログラム**

という流れがあることを頭の片隅に留めておいてください。
　では、さっそく手を動かしてやっていきましょう。

　まず「●**イベント**」のボタンを押して「🚩 **が押されたとき**」のブロックだけ、右側のプログラムスペースに置いておきます。
　前回からの続きで行う場合は、

この紫色のブロックを、右クリックして表示されるサブメニューから**「削除」**を選んで削除してください。

第3章 いますぐ始めるプログラミング【体験編】

タスクその①
「ネコを作る（9匹増やす）」

思考法：繰り返し

オレンジ色の「●制御」のボタンをクリックしてください。すると「(自分自身)**のクローンを作る**」というブロックがあるので、それをドラッグして「▶ **が押されたとき**」の下にくっつけます。

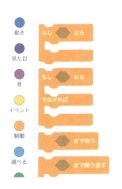

ネコを合計10匹にしなくてはいけないので、とりあえずもう1つ下に同じブロックをくっつけてみました（右図参照）。

プログラムは先述の「順次実行」で動くので、上から下にプログラムを実行してくれます。

この場合は、上から順番にネコの複製(クローン)を1匹ずつ、合計で2匹増やしてくれます。

でも、ここで「ラクしたいモード」発動です。9匹増やすのに

077

9回同じことをやるのは大変なので、いったんここまでにしておきましょう。

ここで 🚩 をクリックしてください。どうでしょうか。ネコは増えましたか、増えてないですか？

じつは増えているんです。いちばん上のネコをドラッグしてずらしてみてください。同じ位置にネコが重なっているだけであって、ちゃんと増えているんです。2匹増えて合計で3匹です。

これで増やすことはできましたが、（できれば効率的に）9匹増やして全部で10匹にするにはどうすればいいでしょうか？

いま2個ある「クローン」のブロックの下に、さらに7個くっつけて「クローン」のブロックを9個に増やせばいい？

もちろんそれでもできます！　でも、もし1000匹のネコが必要な場合はどうでしょう？　すごく面倒ですよね（というか、やりたくないです）。

じつはプログラムでは同じことを繰り返す場合、繰り返すための機能が用意されています。これが先述の「繰り返し」になります。プログラマーは何でもかんでも効率化したくなる人たちだと前に書きましたが、効率化を図るクセが脳についている人たちが

作ったプログラムにはたいてい、当然のように==ラクができるコマンド==が用意されているものです。

案の定、さきほどの「●制御」のところに「(10) **回繰り返す**」のブロックがありました。それを「🚩 **が押されたとき**」のブロックと「(自分自身) **のクローンを作る**」の間にドラッグしてみましょう。「(自分自身) **のクローンを作る**」を挟みこまれました。

繰り返しのブロックは、反対向きの「コ」の字形でまんなかに凹みがあいています。そのスペースに同じブロックを下図のように2個入れることもできます。

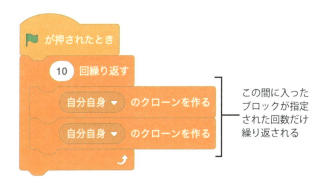

この間に入ったブロックが指定された回数だけ繰り返される

たとえば上のように「(10) **回繰り返す**」のブロックのなかにダブって2つ「(自分自身) **のクローンを作る**」を挟みこんだ場合はどうなるでしょう？　クローンは1つが2つになり、その10倍、
$$2 \times 10 = 20$$
で、なんと20匹もネコができてしまいます。

ここでその結果を目に見える形として参考にまで掲げたいのですが、じつは20匹が中央部にぴったり重なっているだけです。なので、残念ながら下のようにはなりません。

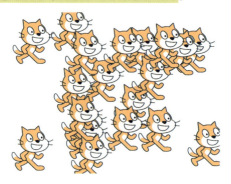

　今回のお題（タスク）は「9匹増やして合計で10匹」でいいのでした。ではどうするか？　ダブって挟まれている「自分自身の**クローンを作る**」のうち1つを右クリックで削除しましょう。そして下のように、もともと「10」という数字が入っている「（　）**回繰り返す**」の数を「9」にします。

　🏁をクリックすると、今度はネコが10匹が重なっているはずです。それを確認して、次の「タスクその②」に移りましょう。

タスクその②
「ランダムなところにネコを表示」

座標（位置関係）を知る

さきほどふれたように「（自分自身）**のクローンを作る**」というブロックは、いつもステージの中心にネコを配置するので、ランダムなところにネコを表示したいのなら、そのように設定してネコを移動させる必要があります。**ランダム**というのは、日本語でいうと**乱数**です。サイコロを振って出る目のようにバラバラで予測できない数のことをいいます。

では、ネコの位置変更です。「●**動き**」のカテゴリーにある、

「x座標を（　）、y座標を（　）にする」

というブロックを使います。すでに予告してありましたが、ここで**座標**という言葉が出てきました。覚えていますか？　むかし数学の授業で習いましたよね？　下のように x は横方向の位置、y は縦方向の位置を表します。

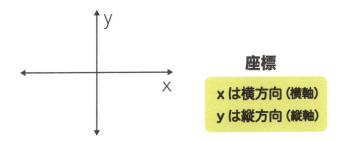

座標

x は横方向（横軸）
y は縦方向（縦軸）

さて、「(自分自身)のクローンを作る」のブロックの下に、
「x座標を(　)、y座標を(　)にする」のブロックをくっつけてみてください。さらに、(　)の部分に下のような数値を入れて 🏁 をクリックします。

ネコの位置が変わりました。上の例だと横の位置が「-92」、縦の位置が「106」のところにネコが移動したはずです。

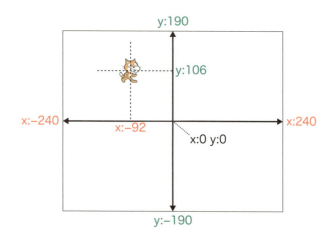

第3章 いますぐ始めるプログラミング【体験編】

　xとyの値をいろいろ変えてみて、ネコの位置が変わることを確認してみてください。

　Scratchや画面に何か表示するプログラムを作るときに必ず登場するのが**位置情報**です。Scratchの場合は「**x y 座標**」を使っています。下に示したのがScratchの座標平面になります。

　ステージの中心が「x:0　y:0」（数学でいう「原点 O」）になります。上下の限度が「±190」で、左右の限度が「±240」です。

　では、たとえば、さきほどの「x:-92　y:106」の位置にいるネコをステージ（座標平面）右上のすみに移動したい場合、xとyはどんな値にすればいいでしょうか？

　答えは、xが**240**で、yが**190**です。

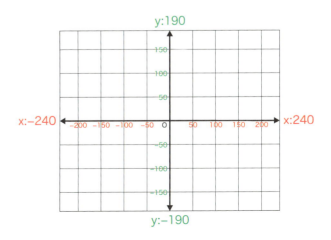

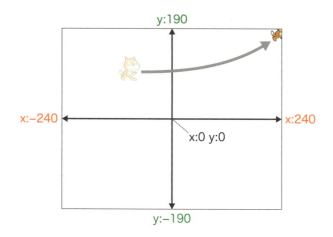

　こんなふうに位置情報は、横の位置はxの値、縦の位置はyの値で決まります。

　実際にプログラムをやっていくと、座標以外にもsinやcosなどの三角関数の計算などを使うこともあります。三角関数と聞いたとたんに逃げ出したくなったかもしれませんが、数学をたんに科目として習うより、プログラムの実務のなかで「こういうのを作りたい！」という目標とともに学ぶほうが身につきます。実際、納得もいきますし、しかも吸収もはやいのではないか、というのが体験者としての実感です。

　こうした実用的な数学にふれられるのもプログラミングを学ぶメリットです。

ランダム配置にチャレンジ

さて次は、ランダムな位置にネコを移動する具体的な手順です。

まず、ランダムな x と y の値を作る必要があります。

ここでも Scratch は用意周到。Scratch のブロックがやってくれます。

「●演算」というカテゴリーに「(1) から (10) までの乱数」という緑のブロックがあります。これが勝手にランダム、乱数を作ってくれます。

このブロックを「 x 座標を（ ）」のカッコと「 y 座標を（ ）」のカッコのなかに、それぞれドラッグしてみましょう。

下のような、ちょっとこみいったブロック構成になります。

では、🚩 をクリックしてください。

すると、次ページのような感じになるはずです。

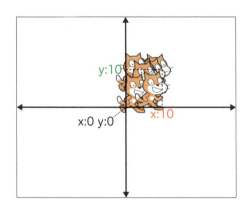

　これは中心部を拡大したイメージですが、このように中心部にまだ固まってはいるものの、10匹のネコたちが少しずれた位置に配置されます。

　中心部に固まってしまったのはどうしてかというと、xとyにそれぞれ入力した座標が「(1) **から** (10) **まで**」という小さな範囲の指定だったからです。その範囲のなかでネコの位置がランダムになりました。

　すでにお気づきかもしれませんが、ネコの位置は ネコの体の中心が基準 となっています。

　もっと画面いっぱいランダムにネコたちを配置したいなら、

xは「(–240) **から** (240) **まで**」
yは「(–190) **から** (190) **まで**」

と目いっぱいの指定にします。

　このような 上限・下限いっぱいの範囲指定 にすると、その範囲

内でランダムな値を Scratch がはじき出し、ネコたちがステージ画面全体をまさに縦横無尽にカバーすることになります。

さっそく値を変えて 🚩 をクリックしてみましょう。

```
🚩 が押されたとき
  9 回繰り返す
    自分自身 ▼ のクローンを作る
    x座標を -240 から 240 までの乱数 、y座標を -190 から 190 までの乱数 にする
```

すると、たとえば下のような感じの配置になります。

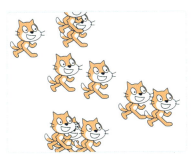

上のように10匹ネコがいるなかで、ところどころ重なっているのは、まさにランダムな配置だからです。

ランダムは「無作為」であって、「それぞれが均等に離れた、きれいな等間隔のバラバラ」はランダムな配置ではないのです。

タスクその③
「クリック（タップ）したら消えるようにする」

思考法：条件わけ

　これが最後のプログラムです。ネコをクリックしたら消えるようにします。「もし〜したら」ということなので、前章で説明したプログラムの「**条件わけ**」になります。

　左サイドに「**このスプライトが押されたとき**」というブロックがありますので、これを使います。
「スプライト」という言葉がはじめて出てきました。どこかの清涼飲料水みたいな名前ですが、スプライトというのは Scratch の作品を構成する1つ1つの部品だと思ってください（ちなみに英語の sprite には「精霊」という意味があります）。
　たとえば、このゲームに登場するネコが1つのスプライトです。
　いまは10匹のネコがいるので、10個のスプライトがあることになります。演劇でいえば登場人物、あるいは舞台のそれぞれの

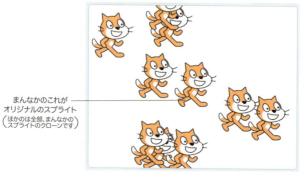

まんなかのこれが
オリジナルのスプライト
（ほかのは全部、まんなかの
　スプライトのクローンです）

道具や美術がスプライトにあたります。多くのスプライトが集まって1つの作品ができていると思ってください。

画面右下に「**スプライト1**」という表示があり、ネコ以外の登場人物を作る場合も、ここに追加されていきます。

ネコを消せ！

精霊だから消せるとしゃれているわけではなく、たまたまですが、いよいよネコのスプライトを消す設定に移ります。ブロックを追加し、ネコをクリックしたら消えるようにしていきましょう。

「●**イベント**」をクリックすると、「**このスプライトが押されたとき**」というブロックがあります。

このブロックを、いままで作ってきたブロックとは別のところに
おいてください。プログラムを作る中央のスペースは自由に配置
できるようになっていて、プログラムのブロックは1つだけでなく、
いくつもブロック群を配置することができます。

このスプライト（この場合はネコ）がクリックされたとき、このネ
コ（スプライト）を消したいので、「●制御」のところにある「**この
クローンを削除する**」というブロックを下にくっつけます。

> このスプライトが押されたとき
> このクローンを削除する

これで複製（クローン）されたネコをクリックすると消えるように
なります。

🚩 をクリックして実行してみてください。うまく消えましたか？
これで、だいぶゲームらしくなってきましたね。

トライしてエラーが出たら冷静に手直し

それでは最後の1匹までクリックしてみてください。

すると、どうでしょう。なぜか1匹だけ「消えないやつ」があ
ります（たいてい最後の1匹になる前に「消えないやつ」に出会うことに
なるでしょうが）。

こういうとき、人によっては小さなパニックになりますが、どう
ぞ落ち着いてください。

じつはこれ、9匹のネコのクローンを作成（複製）したときのオ

090

リジナルのネコです。クローン元となったオリジナルのネコは消せないようになっているんです。

なるほど、たしかに冷静になって考えれば、そもそもブロックの命令も「このクローンを削除する」となっていましたので、複製したクローンしか削除できないんですね。

では、クローン元まで「全滅」させるには、どうしたらいいでしょうか？ この場合、オリジナルのネコは、「消す」ことはできませんが、「隠す」（非表示にする）ことはできます。

「クローンを10匹作って、オリジナルのネコは隠す」というプログラムに書き換えれば、10個のクローンができて、全部を消すというゲーム設定にすることができます。

では、手直しの手順です。Scratchには「隠す」ブロックがあるので、これを使います。

「●見た目」のところにある「隠す」を最後にもっていきます。

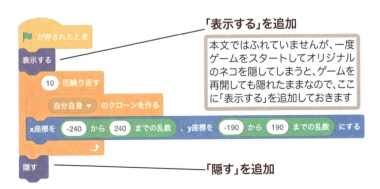

さらに、繰り返しのところの数字「9」を、オリジナルのネコ

は隠してしまいますので1匹足して「9」から「10」に変え、クローンを1匹増やしましょう。

　さて、これでちゃんと動くか、最後まで試してみてください！
　プログラムではよく、想定している結果と違ったことが起こることがあります。

「ネコを1匹クリックしたら削除された」
＝
「これで全部削除できるはずだから完成！」

　と思い込むのではなく、最後まで検証してみるということがとても大事です。
　社会に出てからでも同じことがいえますよね。
　作ったものの、検証と分析、そして問題発見と問題解決。
　こういった一連の流れをつねに試せるのがプログラミングのいいところです。自分が作っていて楽しいゲームやコンテンツでの検証や問題解決なので、集中力やモチベーションは非常に高いものがあります。将来、何か壁にぶつかったとき、そこから逃げたり、ひるんだりせず、検証、分析し、問題発見して問題解決できるようになります。

すべては試行錯誤から生まれる

　いかがでしたでしょうか？
　たった8つのブロックで簡単なゲームが作れました。

第3章　いますぐ始めるプログラミング【体験編】

「プログラム＝むずかしいもの」ではないんですね。

考え方、使い方がわかれば大したことないんです。

すでに何度もいっていますが、基本はみなさんがやっている料理や仕事と同じ。Scratch のブロックにはどんなことができるものがあるか（096〜099ページの一覧を参照）を知っていれば、あとは組み合わせるだけで形になっていきます。

プロのプログラマーが使っているプログラム言語（Java やC言語、python など）でプログラムを組むときも基本的にはいっしょで、いろんな記述パターンの組み合わせなんですね。プログラムを組むとき、そのプログラム言語でどんなことができるのかなど、その都度いろいろと調べてみましょう。世の中の IT 関連のものはすべて、こうしたパターンの組み合わせなのだとわかるはずです。

Scratch は、うまくいかなければブロックを並び替えたり、削除したり、また新たなブロックを追加したりトライ＆エラーで直感的にどんどん繰り返すことができます。1回でうまくいくのもすばらしいことですが、何回も試して1つずつ分解した機能・パーツを作って重ね合わせることで、かなり大きなものができます。

それを体感できるのがプログラミングのすばらしいところです。

少し自信がついたタイミングでさらにスキルアップ

ここまでに子どもたちはゲームらしいものができて、「自分でもできた」「なぁーんだ簡単だ」「楽しい、ほかのも作ってみたい」という気持ちになっていると思います。

このタイミングでどんどん別のものを作って、さらに自信をつけ

093

るということが非常に効果的です。右ページに紹介したスキルアップドリルを子どもたちに続けてやらせてみてください（解答解説もWEBサイトにあります）。

教えるときのポイント②

　なお、ここまでのまとめと、教えるときのポイントとして、以下の5つを念頭に入れておくとよいでしょう。

① 「座標」という概念をまだ知らない子どもたちには、とりあえず縦（上下）**と横**（左右）**の距離でいろいろな位置が決められている**ということを理解させる

② 「**乱数＝ランダム**」という言葉の意味を理解させる（サイコロを振るのと同じだと伝える）

③ ネコはゲームなどの登場人物の1つで、Scratchでは「**スプライト**」と呼ばれることを教える

④ Scratchのブロックのかたまりは、いくつも作ることができるということを伝える

⑤ Scratchのブロックのなかに入力できる値を自分なりに変えて実行させてみて、どうなるかをいろいろと分析させる

　次章は、プログラム学習のモチベーションをさらに上げる「クリエイティブ編」です。

スキルアップドリル

1. ネコをクリックしたら消さずに「にゃー」と表示するようにしてみよう

2. ネコをクリックしたら「にゃー」と音を鳴らしてみよう

3. ネコをクリックしたら「うーん」と2秒考えてから消えるようにしよう

4. クリックしたら色が変わるようにしよう

5. クリックしたらコスチュームを「コスチューム2」に変えてみよう

6. ネコ5匹を「横」一列にならべてみよう（「繰り返し」を使いましょう）

> **ヒント**
> y座標をそろえると「横」一列になり、x座標をそろえると「縦」一列になるよ

7. ネコ5匹を「縦」一列にならべてみよう（「繰り返し」を使いましょう）

8. ネコ10匹を、ランダムな位置にランダムな向きにしてみよう

スキルアップドリルの解答解説はこちらからダウンロードできます。　https://kidz.eny.fun/download

Scratch ブロック一覧

指定した歩数動かす

指定した角度に右回転

指定した角度に左回転

ランダムな位置へ移動　　クリックした位置へ移動

指定した「x, y座標」に移動

指定した秒数でランダムな位置へ移動

指定した秒数で、指定した「x, y座標」に移動

指定した角度に向ける　　マウスの矢印の方向に向ける

横方向に指定値ずつ変更　　x座標を指定値に変更

もし端に着いたら、跳ね返る

ステージ（画面）の端に着いたら、そこで向きを変える

y座標を 10 ずつ変える　　y座標を 80 にする

縦方向に指定値ずつ変更　　y座標を指定値に変更

☑ x座標　　☐ x座標
☑ y座標　　☐ y座標
☑ 向き　　☐ 向き

現在の位置や向きを画面内に表示する場合はチェック（左）、表示しない場合は空欄（右）

（上のようなチェック欄のあるブロックは、それぞれの値を示すブロックとしても使える）

回転方法を 左右のみ ▼ にする

✓ 左右のみ
　回転しない
　自由に回転

回転方向や回転の有無などを指定

印をつけたブロック内のやや濃い窓枠内の文字のあとにある▼は、ほかの選択肢があることを示し、押すと左のように選択肢が吹き出しの形で展開される

見た目

- `こんにちは! と言う` / `こんにちは!` / `こんにちは! と 2 秒言う`
  指定した言葉をセリフの吹き出しで表示（右は指定秒数のみ表示）

- `うーん... と考える` / `うーん...` / `うーん... と 2 秒考える`
  指定した言葉を思い浮かべの吹き出しで表示（右は指定秒数のみ表示）

- `コスチュームを コスチューム1 にする`
  選択したコスチュームに変更
- `次のコスチュームにする` / `次の背景にする`
  次のコスチューム／背景に変更

- `大きさを 10 ずつ変える` — 大きさを指定値ずつ変更
- `大きさを 100 %にする` — 指定値に縮小または拡大
- `背景を 背景1 にする` — 背景を変更

- `色 の効果を 25 ずつ変える` — 選択した効果を指定値ずつ変更
- `色 の効果を 0 にする` — 選択した効果を指定値に変更

- `画像効果をなくす` — 効果をリセット
- `1 層 手前に出す` — 重なり順を変更

- ☑ `コスチュームの 番号`
- ☑ `背景の 番号`
- ☑ `大きさ`
- ☑ `音量`
  画面内にそれぞれの情報を表示（それぞれの値を示すブロックとしても使える）

- `表示する` — スプライトを表示
- `隠す` — スプライトを隠す
- `最前面 へ移動する` — 最前面（あるいは最背面）に移動

※「コスチューム」はスプライトの見た目のこと

 音

- `終わるまで ニャー の音を鳴らす` — 選択音を鳴らし終えてから次のブロックへ
- `ニャー の音を鳴らす` — 選択音を鳴らす

- `音の効果をなくす` — 効果をリセット
- `すべての音を止める` — 全音ミュート
- `音量を -10 ずつ変える` — 指定値ずつ音量変更
- `音量を 100 %にする` — 指定比率に音量変更

- `ピッチ の効果を 10 ずつ変える` — 選択した効果を指定値ずつ変更
- `ピッチ の効果を 100 にする` — 選択した効果を指定値に変更

イベント

- `🏁 が押されたとき` — 旗をクリックで
- `スペース キーが押されたとき` — スペースなどのキー操作で
- `このスプライトが押されたとき` — スプライトをクリックで

- `背景が 背景1 になったとき` — 選択の背景になったとき
- `音量 > 10 のとき` — 音量などが指定値より大きくなったとき
- `メッセージ1 を受け取ったとき` — 選択メッセージを受け取ったとき

- `メッセージ1 を送る` — 選択メッセージを送る
- `メッセージ1 を送って待つ` — 選択メッセージを送って動きを止める

※「メッセージ」はほかのスプライトなどに送れる合図のこと

097

制御

- `1 秒待つ` — 指定秒数待つ
- `まで待つ` — 指定条件になるまで待つ
- `クローンされたとき` — 複製されたとき
- `10 回繰り返す` — 指定した回数繰り返す
- `まで繰り返す` — 指定条件になるまで繰り返す
- `もし なら` — 指定条件が満たされたとき実行
- `ずっと` — ずっと繰り返す
- `自分自身 のクローンを作る` — 選択したものを複製
- `もし なら でなければ` — 指定条件の成否で条件わけ
- `このクローンを削除する` — 複製したクローンを削除
- `すべてを止める` — すべてのプログラムや選択したプログラムを停止

 調べる

- `マウスのポインター に触れた` — 選択したものと触れたかを判定
- `マウスのx座標` `マウスのy座標` — マウスのx座標やy座標の値を示す
- `色に触れた` — 選択した色に触れたかを判定
- `ドラッグ できる ようにする` — ドラッグの「可・不可」を変更
- `色が 色に触れた` — 左の選択色が右の選択色に触れたかを判定
- ✓ `音量` 音量表示　✓ `タイマー` タイマー表示（それぞれの値のブロックとしても使える）
- `マウスのポインター までの距離` — マウスのポインターまでの距離などいろいろなものまでの距離
- `タイマーをリセット` — タイマーをリセット
- `What's your name? と聞いて待つ` — 指定の問いを吹き出し表示して待つ
- `ステージ の 背景# ` — 選択したものの背景情報や音量などの値
- ✓ `答え` 答えを表示（答えの値のブロックとしても使える）
- `スペース キーが押された` — 選択のキーが押されたかを判定
- ✓ `現在の 年` 現在の日付や時間を表示　✓ `ユーザー名` ユーザー名を表示（それぞれの値のブロックとしても使える）
- `マウスが押された` — マウスがクリックされたかを判定
- `2000年からの日数` — 2000年からの日数

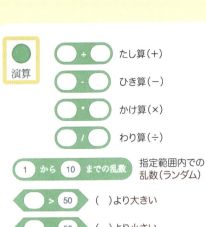

指定した数値の絶対値や平方根など

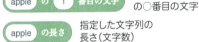

変数を作る

リストを作る

リスト(変数をグループ化したもの)を作る
※リストを作ると、さらに追加のブロックが追加表示されます

体験プログラム②の手順をまとめます。

GOAL

10匹のネコをランダムに表示して、クリックしたら消えるようにする

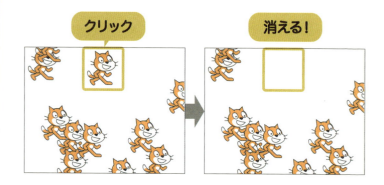

手順

① 「ネコ」を10匹増やす（スプライトのクローンを10個作る）
② 増やした「ネコ」をランダムな位置に配置する
③ 「ネコ」をクリックしたら消えるようにする
④ オリジナルの「ネコ」は隠す
⑤ 一度「ネコ」が隠れると、隠れたままになってしまうので、
　🚩 をクリックしたら毎回表示されるようにする

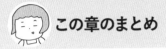 この章のまとめ

・プログラムに触れる前に、プログラムで何ができるのかを子どもに見せて興味をひく。

・子どもたちが興味をもつような、ありとあらゆる分野で、将来ほぼ確実に役立つのが「プログラミング思考」である。

・プログラムのそれぞれの記述を「覚える」のではなく、その考え方を「身につける」のが大事。

・プログラミングを体験し、自信をつけさせるのが、初期段階ではとりわけ大事。

・作ったものの「検証と分析」、さらに「問題発見と問題解決」のプロセスもとても大事。

Column 3

プログラム言語をたくさん知っていれば できるプログラマーというわけではない

Java, Python, Go, Swift, PHP, JavaScript……

プログラム言語は、実際の言語と同様、非常にたくさんあります。では、できるプログラマーは、これらプログラム言語のすべてができる人のことを指すのでしょうか?

いいえ、違います。できるプログラマーとは、プログラミング思考力が高い人のことで、多くの言語を使いこなせるというのとはまったく違います。

むしろ、どうやってやると解決できるか、どうしたらやりたいことを実現できるかという視点から自ら考えて、解決できる能力が高い人がいわゆる「できるプログラマー」といえるでしょう。

たとえば順番を並び替えるためのソート・プログラミング手法をいくつも知っていて、ケースごとに、このときはこのソート方法、このときはこれ、というように、そのときどきの「最適解」を出せる人たちがそうです。

結局のところ、プログラミング言語の書き方をたくさん覚えるのが正しいのではなく、どんな方法でもいいのでプログラミング思考を身につけることが大事になるということです。

そういった意味で、ビジュアル・プログラミングは、プログラミング言語を覚えずにプログラミング思考が身につく、本当にすばらしいツールだといえます。

第 **4** 章

いますぐ始める
プログラミング
【クリエイティブ編】

まずは「真似る」ことから

真似ることで多くをより早く学べる

　なんとなくプログラムがどういうものか、また、いかに簡単にできるかがわかってもらえたかと思います。

　次のステップで大事なのは「こんなのを作ってみたい」と自分なりにアイデアを出して、自らすすんでもっと学びたいという意志をもってもらうことです。

　ここからは子どもたちのレベルにあわせてすすめていく必要がありますが、この段階では自分なりのアイデアを出してオリジナル作品を作ることがいちばん重要です。

パターンA	アレンジ作品を作る
パターンB	リミックス作品を作る
パターンC	まったく新しい作品を作る

低
中
高
難易度

　上に示したパターンAからCまで順番にすすめていくのもいいですが、パターンAで自分なりのアイデアを出して作品に活かせれば、そこで終わらせてもまったく問題ありません。子どものレベルやモチベーションにあわせてすすめてみてください。

パターンA「アレンジ作品」を作る

　自分なりのアイデアでアレンジ作品を作ります。すぐにできるのは、前章で作成したゲームを、自分なりにアイデアを出してアレンジすることです。たとえば、

絵が好きなら
　　⇒「自分で描いたキャラクターに変える」「背景を変える」

音楽・ダンス好きなら
　　⇒「クリックしたら音を鳴らす」「BGMが流れるようにする」

ゲームが好きなら
　　⇒「点数が出るようにする」「時間制限をもうける」

などアレンジがいろいろできます。

パターンB 「リミックス作品」を作る

リミックス作品とは何でしょうか？

リミックスというのは Scratch で使われる言葉なのですが、ほかの人が作った作品を自分なりにアレンジすることを指します。

さきほど作ったゲームの延長ではなく、何か作りたいものがある人は、Scratch の検索機能を使って、ほかの人が作った作品を検索してリミックスするのがベストです。

ほかの人が作ったプログラム作品がどうできているのか、その中身を見ることができます。

プログラミングの中身とは、ブロックの組み合わせのことです。

目をつけたプログラム作品をもとにして、ゲームのルールを変えたり、デザインを変えたり、オリジナルのアレンジを加えることができます。

このあと紹介する Scratch のリミックス機能を使うことで、もとの作品をコピーしてアレンジすることが可能になります。

また、自分が作りたいものを、たとえば「ダンス」「ファッション」「アニメ」「ゲーム」などのようなキーワード検索して、どう作られているのを分析し、自分なりに改変することもできます。

ここまでに紹介したプログラミングの3つの考え方「順次実行」「繰り返し」「条件わけ」この3つさえわかっていれば、人の作品を見て、どういうことをしてできあがっているか学ぶことができるわけです。

Scratch の開放性を最大限利用して、いろいろな作品の作られ方をよい意味で盗んでください。

第4章　いますぐ始めるプログラミング【クリエイティブ編】

真似る勇気をもとう！

　いきなり高度なゲームを作るのは、なかなかむずかしいです。

　でも、真似ることも、じつはけっこうむずかしかったりします。人真似はよくないという固定観念があるからです。

　人の作品を真似て、自分なりに作りあげるのも立派なクリエイティブです。

　お父さん、お母さん、そしてプログラムを教える方は、このことをしっかりと伝えてください。

　真似ることで多くを学ぶことができます。世の中の天才といわれる人たちも、先輩たちを真似ることから始めていることが多いのです。それは職人の世界でもいっしょ。師匠や親方の仕事を真似ることから始めます。

　どんな手習いも真似から。パクリなどといわずに、最初のうちはどんどん真似することを子どもたちにはすすめてください。

　ちなみに、現在のわが国の法律では、作品を作った時点で自動的に著作権が発生することになっていますが、Scratch で公表されている作品はいわば「著作権フリー」の状態で、作者に著作権があるとの前提であっても、その作品を二次的に使ったり参照したりして楽しみながらお互いに高めあえる、いわゆる「クリエイティブ・コモンズ」の考えにもとづくものですので、どうぞご安心ください。

閲覧機能を使いこなす

リミックスのしかた

リミックスをするためには、Scratchのアカウント（無料）を作成する必要があります。アカウント作成をまだされていない方は、前章をご覧いただき作成してください。

手順その① サインインする

アカウント作成されている方はサインインをしてください。

右上の「サインイン」をクリックすると、サインインできます。サインインすると、右上がアカウント名に変わります（下の赤い囲みのように、登録した名前が表示されます）。

手順その② 作品を検索する

自分が作りたいものを検索します。ダンス、アニメーションなど、何かキーワードを入れて検索してみてください。

第4章 いますぐ始めるプログラミング【クリエイティブ編】

　複数のキーワードで検索するときは、キーワードとキーワードの間にスペースを入れて検索してください。

　すぐに検索結果が表示されますので、作品をクリックしてどんな内容かを確認してみてください。

　作品をクリックすると、下のように、画面の右上に「**リミックス**」と「**中を見る**」の2つのボタンが表示されます。

109

🏁 をクリックすると、作品が動きます。

右上の「中を見る」をクリックすると、ブロックがどう並んでいるか（プログラム）が見られます。

第4章　いますぐ始めるプログラミング【クリエイティブ編】

手順その③　複製してリミックスをする

　見た結果、アレンジのアイデアが浮かんだものがあれば、「**リミックス**」ボタンをクリックしてみましょう。すると、その作品が複製され、プログラムを自由に加工できるようになります。

　繰り返しになりますが、リミックスのよいところは、ほかの人が作った作品の中身を見られるところです。

　どういうふうに作られているのかを見て理解することもできますし、ブロックや値を変えることによってアウトプットが変化することから、たくさんの学びも期待できます。

　この段階では「自分が作りたい！」と思っていることに向かってすすんでいくのでモチベーションもアップし、集中して自ら学習する姿勢が身についていきます。

　真似て学ぶのは、学習効果が非常に高いのです。お子さんにもどんどん自分なりにアレンジさせて、いろいろなオリジナルを作って親子で楽しみましょう。

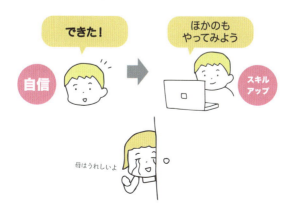

111

小さなことから、こつこつと

パターンC 「まったく新しい作品」を作る

　まったくのオリジナル作品をイチから作りたいというのは、その作品の複雑さにもよりますが、かなり難易度が高いといえます。

　とりあえずやりながら作品ができた！という場合もあると思います。いきなりやってみて、うまくいかない、どこからやっていいかわからない……という状態になったときは、例によって例のごとく「分解＆整理」をして、アルゴリズムを考えてからすすめてみてください。

まず小さなパーツを書き出す

　ここではゲームを例にとって、お話しします。

　ゲームの機能を分解するのに一番わかりやすい方法は、ゴールとしている作品の機能・ルールを決めることです。

　たとえば、主人公のキャラクターが動くアクションゲームを作るとして、次の機能を考えました。

機能 1　Aボタンを押したらジャンプする
機能 2　下からジャンプでブロックに当たったら壊れる
機能 3　アイテムマークのブロックだったらアイテムが出てくる

　作るのがむずかしそうな作品でも、その機能やルール設定を、もっともシンプルで簡単なパーツに分解することで、ベストな方法が見えてくるのです。

　いきなり作りはじめることもできますが、ある程度のボリューム

がある作品を作る場合は、機能・ルールをとりあえず思いつくまま書き出してみてください。これは前にお話しした「ネコを捕まえる（消す）」ゲームを分解したのと同じことです。

ブロックのかたまりをだんだん大きく

　思いつくルールを書き出したら、作品づくりです。機能・ルールを書き出したメモを画面の横におきながら１つずつ作っていくのが、迷わずに効率よく作るポイントです。

　細かい機能・ルールを実現するブロックをならべて、１つのブロックの固まりをそれぞれ作っておきます。たくさんできたルールを、スムーズな流れになるよう順番を考えながらつなぎあわせると１つの作品になる、というのが、当たり前ですがいちばんすす

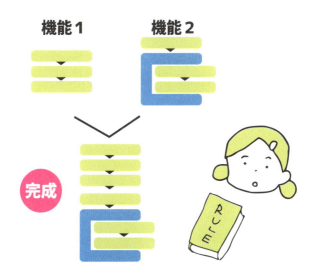

めやすい手順でしょう。

　アルゴリズムを考えて作るというのは、だれもがいきなりできることではありません。まずは子どもに機能やルールを書き出してもらいましょう（次ページ以降に掲載している KIDS IDEA SHEET や KIDS CREATIVE SHEET も活用してみてください。WEB サイトからデータがダウンロードできます）。

無理をせず、いまできる範囲で

　機能やルールを考える分解作業は、子どもたちに「創造力」をつけます。最初は1つずつ、子どもたちと考えながらいっしょに作っていってみてください。

　作っているうちに「ここはむずかしいから、この機能は省こう」とか、「あとでやってみよう」というふうに、「無理せず、いまできる範囲で」を意識して教えてあげてください。

　また、むかしばなしになってしまいますが、私は専門学校で教えていたとき、いきなりハードルが高いことを学生たちにやらせて、学生たちが自信をなくしてしまった苦い経験があります。

　「やってみたい！」という気持ちが芽生えたときがチャンスです。「やっぱり、むずかしいから無理だ」などと投げ出さないように、「無理せず、いまできる範囲で」。このスタイルでサポートしてあげてください！

　自分で考えたものが完成して動いたときは、子どもたちの感動もひとしおです。それをサポートして見守っているお父さんやお母さん、先生方はそれ以上かもしれませんね。

第4章 いますぐ始めるプログラミング【クリエイティブ編】

😀 KIDS CREATIVE SHEET

作りたい作品のイメージを絵に書いてみよう（できるだけ色をつかって）

この作品を言葉で説明してみよう

このフォーマットははこちらからダウンロードできます。

https://kidz.eny.fun/download

第4章 いますぐ始めるプログラミング【クリエイティブ編】

😊 KIDS CREATIVE SHEET

この作品にはどんな機能・ルールがある？

ルールは機能に分解できることがあるよ！
一度書いてみてもっと小さな機能にわけられるか かんがえてみよう！

No	機能の説明

このフォーマットははこちらからダウンロードできます。

https://kidz.eny.fun/download

みんなに見てもらおう

プレゼンしてシェアする

作品を作ったあとで大事なことは、プレゼンテーションや発表会などで自作品をシェアし、まわりの人に見せることです。

家族の前で自分の作った作品を発表したり、学校で友達に見せたりして「すごい！」といってもらうことで、さらなる創作意欲と自信が生まれます。

私がいままで教えてきた子どもたちも例外なく、だれかに認められた瞬間に自信をもってどんどん自分で勉強しはじめていました。

人前でのプレゼンは勇気がいることですが、子どもたちにとって非常に大きな学びになります。説明することで自分がどれだけ自分の作品について理解しているかもわかりますし、何を話すべきか、どういう順番で話すかといったことを考える機会にもなります。私が教えていた学校でも、学生にプレゼンをさせる機会が多かったのですが、作品発表のイベントに参加した企業の方々は一様に、学生たちのプレゼン能力の高さに驚かれていました。

いきなり「すごい作品を！！」などと意気ごまないで、まずは「**①ちょっと体験**」、そして「**②自分なりに少しアレンジ**」、最後に「**③周囲に認めてもらう**」、この繰り返しが大事です。

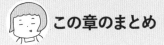 **この章のまとめ**

・クリエイティブ段階は、どんな作品でも自分なりのアイデアを出してオリジナル作品を作ることが大事。

・子どものレベルに合わせてオリジナル作品を作らせる（アレンジのみで完結してもOK）。

・Scratchのリミックス機能を使うことで、ほかの人が作った作品を自分なりにアレンジできる。

・まったくの新作を作るには、その作品の機能やルールを洗い出し、リストアップしてから組み合わせるとよい（適当にプログラムを組み始めるより、無駄なく進めやすい）。

・作りっぱなしでは、もったいない！ 発表しよう！

Column 4

世界を変えたプログラマー出身の経営者たち

　ビル・ゲイツ、ジェフ・ベゾス、ラリー・ペイジ、マーク・ザッカーバーグ……じつはこれらの世界を変えた人たちは、幼少時からプログラミング教育に触れたプログラマー出身です。

　IT業界だからというだけでなく、彼らがあそこまで企業を大きくできたのは、プログラミングをしてきたことで培われた思考法が最強のビジネススキルでもあったからでしょう。

　ロジカル・シンキング、いわゆる論理的思考をはじめ、効率化能力・段取り力・説得力のあるプレゼン能力などなど……すべてがプログラミングを学ぶことで身につくスキルといえます。

　プログラミングを知っているからこそ、どれくらいのスピードでどういったものを開発できるか、すでにあるものをどう応用できるかということを、経営者の立場から考えることができます。

　私が以前やっていたおでん屋もそうですが、店舗をもった仕事は、基本的に仕入れが必要です。原価がかかり、お客が来ないとつぶれてしまう、非常にリスクの高いものです。

　ITによる起業や運営も、もちろんコストはかかりますが、店舗をもたなくてもすぐに物やデータ、サービスを販売することができます。実際の店舗をもっての物売りとは、まったくビジネスモデルや利益率が違っています。同じもので多くの人から利用料がとれる「サブスクリプション・モデル」の展開も簡単にできます。

　プログラミングを知っている、できるというのは、それだけでビジネス上のメリットがあるのです。

第5章

いますぐ始める
プログラミング【継続編】

継続は力になる

はじめの不安の2つの要素

　本書をここまでお読みいただければわかるように、小学生にも（おそらく未就学児童にも）プログラミングの何たるかを体感させることは可能です。

　遊ぶ人（ホモ・ルーデンス）ともいわれるわれわれ人間の脳は、面白いと思った瞬間にスイッチが入ります。すると、たちまち自分で考えて、遊びながら作品を作り始めます。そういう場面をたくさん見てきました。

　私が教えていた専門学校の学生たちも、当初は多かれ少なかれプログラムというものに苦手意識や不安感のようなものをもっていました。

　その苦手意識を分析してみると、いずれは必要になる**英文による入力**という語学スキルからくる不安と、**座標**や**関数**といった数学的要素からくる不安の2つに分解できます。

子どもの好奇心は絶大

　高校卒業後に専門学校に入ってくる学生の多くは18〜20歳くらいで、大人といってよい年齢ですが、彼らをある意味童心に返らせることでむしろ自信をもたせることができました。

　座標や関数といった難解そうな言葉を別の表現でかみくだいて伝えてあげたり、英文入力についてはあとからでもよいのだと心理的ハードルをはじめにしっかり下げてあげたりすることで、たちまち心に小さな自信の火種がともるのです。そして、その瞬間からスイッチが入る……。

第5章　いますぐ始めるプログラミング【継続編】

　生涯学習が叫ばれる昨今、学びは本来、年齢には関係ないことなのかもしれませんが、童心に返って子ども特有ともいうべき純粋な好奇心を呼びさますことができれば、私たち大人だって（多少覚えは悪いかもしれませんが）いつでも新しいことがどんどんできるようになるのだと思います。

せっかく入ったスイッチをオフにしないために

　専門学校の学生たちは最初のうちは、こんなこと聞いたら恥ずかしいとでも思っているのか、「質問は？」と聞いても鈍い反応でした。ところが、しばらくすると、わからないことをどんどん質問してくるようになります。そういう瞬間をとらえることが大事です。

　やがて、自分でどんどん調べたり試行錯誤を繰り返したりして、知らないうちにメキメキ「成長」します。わずか数週間後にはすごい作品ができていた、なんてこともざらにありました。

　はじめの一歩の「できた！」の感動が、次の一歩に向かうモチベーションを高めることは、勉強にしろスポーツにしろ、また子どもたちが大好きなゲームにしろ、すべて学びにおける第一歩の過程です。問題は、その感動の火種をどれだけ継続させ、大きくしていくかです。

　本書のいままでの流れのなかで、自力で「何か」を作ったことで、きっと子どもたちも「もっと何か」いろいろやってみたいという気になっていると思います。

　ここからはそれを継続させるポイントを解説していきたいと思います。

継続的に学習する方法

独学できる反復ドリルが一番

　ひとたび「□□を作る」という目標さえできれば、子どもたちはそこに向かって、まっしぐらにチャレンジしていきます。

　継続的にプログラミングの学びをすすめていくには、プログラム作りの「お題」を繰り返し提示してあげることが何よりです。

　　　① **何でもいいから作る**（あるいはアレンジする）
　⇒ ② **人前でプレゼンする**（たんにシェアするのみでも OK）
　⇒ ③ **みんなにほめてもらう**（逆に人のはほめること）

　これを繰り返すのが一番です。その繰り返しの反復演習に最も適しているのがドリル問題です。

　小さな「できた！」を繰り返して続けるのは、じつは公文式も同じで、たとえば算数であれば、例題がひとつあり、その例題に似た計算問題を自学自習で繰り返しやって、小さな「できた！」体験ができるような教材になっています。

　残念ながら、プログラミング教材にはまだそういった意味での反復ドリル的なものは多くありません。しかし、本屋さんにもゲームを作るプログラミング本のようなものもたくさんあるので、そういった本を買ってやりすすめるのもいいと思います。

　また、もっとお金がかかってしまいますが、プログラミング・スクールやプログラミング教室に通うのも継続的にすすめるための１つの手段です。教室内での交流や切磋琢磨も期待できます。

124

第5章　いますぐ始めるプログラミング【継続編】

　プログラミングに興味をもったら、まずは子どもたちがどんなことをやりたいのかを、聞いてみてください。

　プログラミングに触れたことがない状況で子どもたちに話を聞いても、何がやりたいのかわからないと思いますが、本書を通じてここまでのステップを踏んできた子どもたちであれば、プログラミングがどんなもので、どんなことができるのかが理解できていると思います。

　これからお話ししますが、①**プログラミング・スクールに通う**、②**オンラインで学ぶ**、③**本やネットで調べて自分で学ぶ**など、いろんな選択肢があります。

　子どもたちのやりたいことにあわせて、次につなげるのが一番ベストな方法になります。

継続的に学習する方法①
プログラミング・スクールに通う

リアル・スクールのよさ

　プログラミング・スクールは大手企業も参入し、いまどんどん増えています。こういったところは、無料体験をやっているところがほとんどだと思いますので、まずは通える範囲のところで一度無料体験を試してみるのをおすすめします。

　通信講座やオンライン・スクールとは違って、「リアル・スクール」のいいところは、プログラミングを学べること以外に、行くと友達や先生に会えて日常生活の話ができたり、気持ちのやりとりができるところにもあります。

月謝（授業料）や教え方をチェック

　ただし、ほかの習いごとに比べて月謝が安くないケースもありますので、もし月謝が高いと感じたら、後述するオンライン・スクールや、モチベーションが高ければ本を購入したりネットで検索したりして、自分で学ぶという方法をおすすめします。高学年であればあるほど自分で学ぶことができるようになります。

　プログラミング・スクールにもいろいろあって、同じことを一斉に教えるやり方や、あるテーマ（問題）を与えて、わからなかったら先生がいるから聞きにいくというやり方など、スクールによって方針はさまざまです。お子さんに合うかどうかをふくめ、通う前に、どういったやり方で教えていくのかをしっかりと聞いておくのがポイントです。

　本書でプログラミングに触れておけば、何をやっているのか、どういうことを教えようとしているのかも理解できると思います。

継続的に学習する方法②
オンラインで学ぶ

オンライン・スクールのメリット

　オンラインで学ぶところのいいところは、通いのプログラミング・スクールと違って時間と場所が自由に選べることです。

　ネット環境があればどこでもアクセス可能ですし、リアル・スクールにくらべて人件費がかからないぶん、かかる費用が安い傾向にあります。

　オンラインでできる反復学習のサービスはいろいろありますが、プログラミングにおいてもそれは効果的で、問題をいくつもこなすタイプの学習サービスは、やっていくうちにプログラミング思考がしっかり頭に癖となって刻みこまれます。

　ここで紹介するオンライン学習サービスはとくに座学的なものではなく、反復演習ができるものが中心になります。

　大別すると、本書でとりあげた Scratch のようなビジュアル・プログラミングで学習するものと、実際に英数字を使ったプログラミング・コードそのものを書いて学習するものとがあります。

　今回は、なかでも有名なものを1つずつ紹介しておきます。どちらもゲームをクリアしていきながらプログラミング思考を学ぶことができるサービスになっていますので、子どもたちも夢中になってやると思います。

　なお、私もオンライン・スクールを運営していますので、ご興味ある方は巻末をご覧ください。

オンライン学習サービス

ビジュアル・プログラミングを使うもの

実際に英数字のコードを書かせるもの

ビジュアル・プログラミング・ツールで、ゲームをクリアしながら学ぶ

code.org（コードドットオルグ）https://code.org

　米国でプログラミング教育普及のために作られたプログラミングの基本概念を教える学習サイトです。

　アマゾン、フェイスブック、グーグル、マイクロソフトなど著名な企業の支援を受けています。

　ゲームやアニメなどで馴染みのあるキャラクターをつかって取り組めるので、子どもたちも楽しみながら学習できます。

　ほとんどのコンテンツが、Scratchのように、ブロックやパズルを組み合わせるツールになっています。

　いくつも問題が出されてクリアしていく形式になっているので、プログラミングの訓練に最適です。

プログラミング・コードを書いて、ゲームをクリアしながら学ぶ

CodeMonkey（コードモンキー）https://codemonkey.jp/

　イスラエルの小学校の標準教材にもなっている、プログラミング学習のためのオンラインゲームです。

　ビジュアル・プログラミングのようにパズルを組み合わせてプログラムするのではなく、**coffee script** というプログラム言語を書いてゲームをクリアしていきます。

　初めから書き方を知っている必要もなく、ゲームを解きながら書き方も学べるので知識ゼロで始められます。

　coffee script という言語は実際の仕事でも使われているので、CodeMonkey からはじめてこの言語をマスターすれば、WEBの仕事などもできるようになります。

継続的に学習する方法③
モノ（ハードウェア）と合わせて学ぶ

日進月歩のIoTの世界

　IoT（アイオーティー）という言葉をよく耳にするようになってきました。IoTはInternet of Thingsの略で、モノ（ハードウェア）の世界におけるインターネットのことです。

　いわゆるIoTの世界でもプログラミングは大活躍。IoTの面白いところは、画面上だけでなく、ロボットや車などのハードウェア、リアル・プロダクトを動かすことができるところです。

　ロボットや車などに興味がある子は、最初から==ハードウェアを組み合わせてプログラミング学習==するのもおすすめです。

　じつはScratchには、そういったハードウェアと組み合わせる機能もついています。

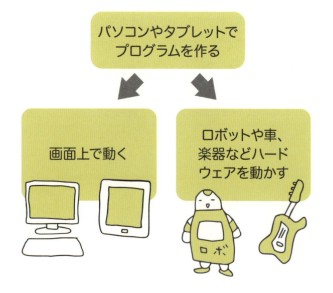

第5章　いますぐ始めるプログラミング【継続編】

<mark>SONY KOOV</mark>（クーブ）　https://www.sony.jp/koov/
<mark>SONY MESH</mark>（メッシュ）　http://meshprj.com/jp/

　KOOVは、ブロックとLEDなどの電子パーツの組み合わせで、機関車やギター、ワニなどを作って動かすことができます。

　Scratchと同様、ビジュアル・プログラミングでプログラミングができるので、プログラミング入門としてもおすすめです。

　「ロボットレシピ」と呼ばれる、プログラミングとロボットを組み合わせる基礎を学ぶ教材があり、そこで学んだことをベースに、自分でオリジナルのロボットを作ることができます。

　SONYはこのほかにも、MESHという小さなブロック・デバイスを組み合わせて、ふだんの生活を便利にするプログラミング・デバイスも提供しています。

　たとえば、人が通ったら電気がついたり、室内の温度を測って

KOOV

温度が高くなりすぎたらスマホにメッセージが送られたりと、日常生活をプログラミングで楽しくする、大人でも楽しめるものになっています。

レゴ® マインドストーム®

https://www.lego.com/ja-jp/mindstorms

　専用のビジュアル・プログラミング・ツールで組んだプログラムで、レゴ®で作ったロボットなどを動かすことができます。

第5章　いますぐ始めるプログラミング【継続編】

　プログラミングは、専用アプリケーションをインストールして使います。Scratch と同様、ビジュアル・プログラミングを使ってプログラミングができます。むかしからレゴで遊んでいる子どもたちには非常に入りやすい教材かもしれません（実際、私が教えていた専門学校でも、レゴ ® マインドストーム ® を教材として取り入れていました）。

　スマートフォンから直接、作ったロボットを操作できたりと、アプリやツールも充実しています。

さらに上級者向け
回路設計も学べる、大人もハマるハードウェア

　さきほど紹介した2つのものは、ある程度できあがったものを組み合わせて学んでいくものでした。

　ここから紹介するものは、学校教材としても使われていますが、大人も夢中になっているもので、電気工学や回路設計などが学べる、やや上級者向けのものになります。

　イチから何でも作れるようなものになりますので、それだけ自由度が高くなります。

　それぞれベースとなる基盤があり、そこからさまざまな電子機器を組み合わせてプログラムで動かすことができます。

　今回紹介するものは USB ポートがついていたりするので、パソコンで作ったプログラムを USB で接続して直接ハードに送るだけで動くようになります。始めるまでが大変で挫折するということもありません。

133

また、発光する LED やスピーカーがセットになった入門キットなども販売されているので、そういったものを購入するのも手だと思います。
　それでは、代表的なものを3つご紹介していきましょう。

micro:bit（マイクロビット）
https://microbit.org/ja/guide/

　micro:bit はイギリスの BBC（英国放送協会）がプログラミング教育用に開発したマイコンボードです。
　イギリスでは小学校5、6年生に無料で配布していて世界中から注目を集めています。micro:bit 自体は小さくて薄いボードになりますが、加速度センサー（動くと反応する）や温度センサーなども搭載していてます。
　Scratch3.0 にもこの micro:bit と連動する機能があり、ビジュアル・プログラミングだけで動かすことができます。
　この micro:bit に電子パーツを組み合わせて、ロボットやタミヤの戦車プラモデルを動かしたりすることができます。
　前出の2つのものと違って、拡張性が高いので、micro:bit にいろんなものをつなげることができ、できることも無限です。
　micro:bit は、これから紹介する2つのハードウェアと比較して小型なのと、低価格というところがポイントです。

　次に紹介するハードウェアは、2つとも学習教材としてもよく使

第5章 いますぐ始めるプログラミング【継続編】

われているものです。micro:bit よりもできることが多く、ハイスペックなハードウェアになります。基本的にはビジュアル・プログラミングではなく、専用のプログラミング言語を書いていくので難易度は高いかもしれません。ただし、それだけ学ぶことも多いものになります（Scratch も使うことはできます）。

==ARDUINO== （アルドゥイーノ）
https://www.arduino.cc/

イタリア発のハードウェアで、マイコン（マイクロ・コンピュータ）と呼ばれるものです。先に紹介した micro:bit よりも拡張性があり、より複雑で、いろんなことができます。3000 円程度で比較的安価に購入できます。**Arduino 言語**というプログラミング言語を使ってプログラミングをしていきます。

==raspberry pi==（ラズベリーパイ）
https://www.lego.com/ja-jp/mindstorms

「小さなパソコン」といったイメージの raspberry pi は、みなさんご存じの Windows や mac OS と同様の OS（オペレーション・システム）を使うことができます。ARDUINO よりもハイスペックで、できることもより多いハードウェアで、さらに高度な技術を学びたい人におすすめです。

ハードウェアとの組み合わせしだいでは……

プログラミングだけでなく電子回路の知識も身につく!

上級

Raspberry Pi

ARDUINO

プログラミング言語で書く
（Scratchも使うことはできます）

入門

micro:bit

ビジュアル・プログラミング

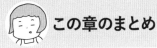 この章のまとめ

・①作る（アレンジする）、②プレゼンテーションする、③ほめてもらう、この繰り返しが学習継続には大事。

・①プログラミング・スクールで学ぶ、②オンライン・スクールで学ぶ、③本やネットで調べて学ぶ、など、継続的に学習する方法はいくつもある。

・問題をいくつもこなしていく「反復演習」が効果的。反復演習できるツールとして、ゲームをクリアしながら学ぶ方法もある。

・ハードウェアとプログラミングを組み合わせると、できることが広がる。ハードウェアとの組み合わせで、プログラミングだけでなく、電子工学や回路設計を学ぶことができる。

Column 5

世界のエリートが重視する「STREAM教育」

　STREAM 教育ってご存じですか？　ほかに STEM, STEAM などといろんな組み合わせがありますが、いま世界的にエリート教育として重視されている分野の頭文字をとったのが、この STREAM 教育とよばれるものです。

　S：　Science　　　　……サイエンス（科学）
　T：　Technology　　……テクノロジー
　R：　Robotics　　　　……ロボティクス（ロボット工学）
　E：　Engineering　　……エンジニアリング（工学）
　A：　Art　　　　　　 ……アート（芸術）
　M：　Math　　　　　 ……数学

　こういった分野の基礎を学びながら、それを応用して新しいものを創造していく、といった教育のことです。

　AIとロボットにいろんなものが置き換えられていく時代において、最低限この STREAM の知識は必要で、それを応用できる力がこれからの時代は必要ということです。

　STREAM すべてをこなすのはなかなかむずかしそうですが、そういう教育がすすんでいくことの表れだと思います。

　ロボットを動かすのにも、インタラクティブアートを作るのにもプログラミングが必要です。

　STREAM 教育の各分野を密接に絡ませながら学習する際に基礎となる素養がプログラミングともいえます。

download

本書に掲載されている各種シートは
以下のサイトからダウンロードできます。

また、Scratch の基本的な使い方やドリルも
サイトからご覧いただけますのでご活用ください。

ダウンロードできるもの

・プログラミングの世界

・KIDS FUTURE SHEET

・KIDS IDEA SHEET

・KIDS CREATIVE SHEET

・プログラミング問題と教え方シート

・スキルアップドリルと解答解説

・Scratch の使い方基礎

ダウンロード・サイトURL

https://kidz.eny.fun/download

おわりに

　いかがだったでしょうか？　本書を読んでいただき、「プログラミングって、こういうもんなんだな～」と少しでもご理解いただけたら、著者としてこんなにうれしいことはありません。

　教える過程で Scratch が苦手な子や、モチベーションが上がらない子どももいるかもしれません。そんなときは第5章で紹介した code.org で遊べるプログラミングゲームから始めるのも手だと思います。

　こういった繰り返しの問題は、こなしていくことで脳にプログラミング思考の癖がつきます。code.org や CodeMonkey をひととおりやったあとに、本書で紹介した Scratch を使って再度、本書の内容に取り組むと、すんなり理解できますし、自分で新しくものを作れる自信もついてくるはずです。

　お子さんの性格や趣味などによって、教え方はいろいろです。うまくいかないな、と思われたら、こういった別のやり方も有効ですので、ぜひ試してみてください。

　本書は「プログラミングに対する意識を変えてもらう（簡単だと知ってもらう）」ことと「子どもたちに興味と自信をもってプログラミング思考を身につけてもらう」こと以外に、じつはもう1つ、

「家庭でのプログラミング教室の輪を広げるきっかけづくり」

も隠れた目的にしています。

おわりに

　いまはビジュアル・プログラミング・ツールをはじめ、いろんなプログラミング学習ツールがありますので、いざとなればご自宅で、お子さんの友達を呼んでプログラミング教室を始めることだってできます。

　学習塾やさまざまなスクールは、知識や技術を学ぶことはもちろんですが、先生や友達に学校や日常の話をしにいくことが子どもたちの目的になっていたりします。

　家に遊びにきた子どもの友達に、ついでにプログラミングを教えたり、あるいはプログラミング・ゲームで遊ばせたり、といった寺子屋の感覚で、**まちかどプログラミング教室**を始めてみてはいかがでしょうか？

　プログラミングを学ぶ場所・機会が増えれば、将来を支えてくれる子どもたちのプログラミング・スキルが社会全体で一気に上がっていきます。そうなるといいな……と思います。

　いろいろとお話ししましたが、本書を通じてお父さんやお母さん、教育者の方のプログラミングに対する抵抗感がなくなって、「なぁーんだ、プログラミングって簡単じゃん！」と思っていただけたら幸いです。プログラミング思考は、仕事やふだんの生活にも役立つ考え方なので、ぜひお子さんたちといっしょに、楽しみながらやってみてください！

　そういう大人が増えるといいな……と心から思っています。

Let's enjoy programing!

熊谷 基継

おすすめ書籍およびWEBサイト

　本書はほんとうに「初歩の初歩」「入門の入門」でしたので、「もっとプログラミングのことを学びたい」とか、「プログラミングで広がる世界について知りたい」といった意欲的なお子さん・保護者の方に、以下の書籍およびWEBサイトをご紹介します。参考になさってください。

＜書 籍＞

ルビィのぼうけん　こんにちは！プログラミング

　リンダ・リウカス（著）、鳥井 雪（訳）、翔泳社（刊）
　絵本としてプログラミングを学べる本。主人公は、好奇心いっぱいの女の子「ルビィ」。プログラムの考え方を理解する練習問題も収録されています。著者のリンダ・リウカスさんは、「教育大国」といわれるフィンランドの女性プログラマーです。

親子で学ぶ Scratch 学習ドリル　どすこい！おすもうプログラミング

　入江誠二（著）、くにともゆかり（イラスト）、玄光社（刊）
　レベルアップしながら学べる、Scratch を使ったプログラミングの実践ドリルです。大相撲さながらの「入門」から「幕下」→「十両」→「幕内」→「三役」→「横綱」というステップアップでゲーム作りに挑戦します。

ビスケットであそぼう　園児・小学生からはじめるプログラミング

　合同会社デジタルポケット、原田康徳、渡辺勇士、井上愉可里（著）、翔泳社（刊）
　028ページのコラムでも取り上げた、日本発のビジュアル・プログラミング・ツール「ビスケット」の入門書です。小さなお子さんでも始められます。

micro:bit であそぼう！　たのしい電子工作 & プログラミング

　高松基広（著）、技術評論社（刊）
　134ページでも紹介したプログラミング入門キット「micro:bit」を買うことで、いろいろなものを簡単に「電子工作」できる本です。「フルーツ楽器」や「当たり付き貯金箱」など、大人も聞いただけで楽しくなる作品が32点も収録されています。

これ 1 冊でできる！　Arduino ではじめる電子工作 超入門

　福田和宏（著）、ソーテック社（刊）
　イタリア発のハードウェア「Arduino」（135ページ参照）の基礎から、その作例までを紹介。配線の仕方もていねいに図解されていて、わかりやすい本です。

楽しいガジェットを作る　いちばんかんたんなラズベリーパイの本

太田昌史、高橋正和、海上 忍（著）、インプレス（刊）
手のひらサイズの小さなパソコン「raspberry pi」（135ページ参照）を扱った初心者向けの本。多数の写真と、ていねいな解説とともに「楽しいガジェット」の作例が収録されています。

＜WEBサイト＞

code.org　https://code.org/
遊びながらプログラムとは何かを学べる学習サイトです（128ページ参照）。

CodeMonkey　https://codemonkey.jp/
ビジュアル・プログラミングではなく、実際のプログラム・コードを書きながらゲーム感覚で学べるサイトです（129ページ参照）。

サヌキテックネット　https://sanuki-tech.net/
「micro:bit」（134ページ参照）の基礎と、その作品をていねいに説明しています。

ENY キッズ オンライン スクール　https://kidz.eny.fun/
Scratch を中心としたプログラミングを学べるサイト。本書の著者である私、熊谷が運営しています。

【著者紹介】

熊谷 基継（クマガイ・モトツグ）

■ENY代表、キッズ・プログラミング・オンライン・スクール「ENY KiDZ」校長。

■1975年生まれ。東京出身。青山学院大学大学院理工学研究科修了。院生時代に脳科学の一分野であるバイオフィードバック（生体自己制御）によるリラクゼーション・システムを研究。大学院修了後、日本電気株式会社（NEC）のインターネット・サービス・プロバイダ事業(当時)BIGLOBEにて販促・営業を経験。その後、飲食業界へと転身。中目黒のおでん屋で料理人・店長として働く。さらに企画・コンサルティング会社でWEB開発・マーケティングを担当したのち、新宿の専門学校HAL東京で講師（プログラミング、WEBデザイン担当）を務めた。講師時代に「もっと早い時期からプログラミング教育はなされるべきだ」と思い立ち、オンラインによるプログラミング早期体験スクールを立ち上げ、現在にいたる。

■マーケティング・エンジニア、デザイナー、イラストレーター、料理人など多彩な経歴を、小学生向けのプログラミング体験イベントやオンライン学習サービスの提供、中小企業向けITコンサルティング、WEBデザイン・開発などに生かしている。

■本文イラスト／熊谷 基継
■カバー装幀／菊池 祐（株式会社ライラック）

親子で学べる
いちばんやさしいプログラミング　おうちでスタートBOOK
・・・
2019年 5月18日　第1刷発行

著　者──熊谷 基継
発行者──徳留 慶太郎
発行所──株式会社すばる舎

　　　　　東京都豊島区東池袋3-9-7 東池袋織本ビル（〒170-0013）
　　　　　TEL 03-3981-8651（代表）　03-3981-0767（営業部）
　　　　　振替 00140-7-116563
　　　　　http://www.subarusya.jp/

印　刷──ベクトル印刷株式会社
・・・
　　　　　落丁・乱丁本はお取り替えいたします
　　　　　©Mototsugu Kumagai 2019 Printed in Japan
　　　　　ISBN978-4-7991-0815-4